图1 立式加工中心

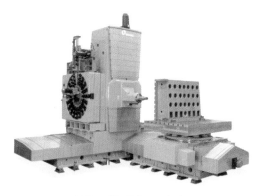

图2 卧式加工中心

图3 龙门加工中心

图4 加工中心加工的零件

图6 并联（虚拟轴）加工中心

图5 并联（虚拟轴）数控机床

图7 我国第一台数控机床

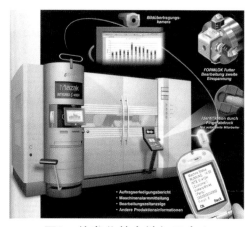

图8 信息化的车铣加工中心

图9　数控车床

图10　固定立柱立式加工中心（一）

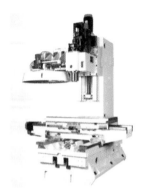

图11　固定立柱立式加工中心（二）

图12　O形整体床身立式加工中心

图13　移动立柱卧式加工中心（一）

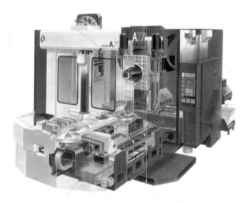

图14　移动立柱卧式加工中心（二）

图15　工作台移动式龙门加工中心

图16　卧式数控车床

图17 龙门架移动式电火花机床

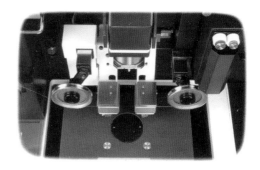

图18 水平慢走丝电火花线切割机床

图19 卧式数控车床(一)

图20 立式数控车床(一)

图21 经济型数控车床(一)

图22 车削中心

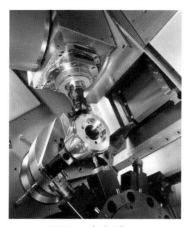

图23 车削中心

图24 工件装卸机器人

图25 立式数控铣床（二）

图26 卧式数控铣床（二）

图27 龙门数控铣床

图28 经济型数控铣床（二）

图29 全功能数控铣床

图30 高速数控铣床

图31数控铣床加工的零件

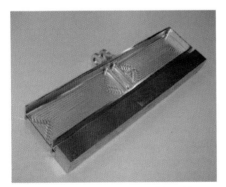
图32 数控铣削加工的零件

图33数控铣削加工的零件

全国本科院校机械类创新型应用人才培养规划教材

数控机床与编程

主　编　张洪江　侯书林
副主编　于春海　李　猛
参　编　王和平　赵清来

北京大学出版社
PEKING UNIVERSITY PRESS

内 容 简 介

本书是全国本科院校机械类创新型应用人才培养规划教材,是根据教育部高等学校机械设计制造及其自动化专业本科教育培养目标、培养方案和课程教学大纲要求编写的。

本书的编写参考了多所高校相关课程的教学经验,内容全面、系统、重点突出,力求体现先进性、实用性、易懂性。基础理论以"必需、够用"为度,应用实例紧密结合生产实际。全书内容包括数控机床的基本知识、编程基础,数控铣床、数控车床、数控钻镗床、数控电火花线切割及加工中心的编程与操作,数控机床的结构、伺服系统、自动编程及应用。

本书可作为高等院校机械设计制造及其自动化专业、机电类专业、高等职业技术院校数控技术应用专业的教学用书,也可供相关专业的师生和从事相关工作的科技人员参考。

图书在版编目(CIP)数据

数控机床与编程/张洪江,侯书林主编.—北京:北京大学出版社,2009.10
(全国本科院校机械类创新型应用人才培养规划教材)
ISBN 978-7-301-15900-2

Ⅰ.数… Ⅱ.①张… ②侯… Ⅲ.数控机床—程序设计—高等学校—教材 Ⅳ.TG659

中国版本图书馆 CIP 数据核字(2009)第 173687 号

书　　　　名:数控机床与编程
著作责任者:张洪江　侯书林　主编
责 任 编 辑:郭穗娟　童君鑫
标 准 书 号:ISBN 978-7-301-15900-2/TH・0166
出　版　者:北京大学出版社
地　　　　址:北京市海淀区成府路 205 号　100871
网　　　　址:http://www.pup.cn　http://www.pup6.cn
电　　　　话:邮购部 62752015　发行部 62750672　编辑部 62750667　出版部 62754962
电 子 邮 箱:pup_6@163.com
印　刷　者:三河市北燕印装有限公司
发　行　者:北京大学出版社
经　销　者:新华书店
　　　　　　787 毫米×1092 毫米　16 开本　14.25 印张　330 千字
　　　　　　2009 年 10 月第 1 版　2019 年 1 月第 7 次印刷
定　　　　价:25.00 元

前　言

本书是根据教育部"高校机械设计制造及其自动化专业人才培养目标"的要求，并结合编者在数控机床方面的教学与实践经验编写的。

随着科学技术的高速发展，制造业发生了根本的变化。由于数控技术的广泛应用，高效率、高精度的数控机床已形成了巨大的生产力。专家们预言：21世纪机械制造业的竞争，其实质是数控技术的竞争。

数控技术是制造业实现自动化、柔性化、集成化生产的基础，其已经成为衡量一个加工制造企业技术水平乃至一个国家工业化水平的重要标志之一。其中，数控机床是加工制造行业体现数控技术的重要组成部分，而数控编程则是数控机床实现数控加工的必要前提。因此，数控加工技术人员成为当前各制造行业的急需人才。编者从近年来选修该门课程的学生人数变化规律中深深体会到这一点。

本书编写的指导思想是使读者通过学习了解数控机床的工作原理和编程方法，掌握数控机床的基本操作技能，并能把学到的知识应用到生产实际中去。本书共分10章，主要内容包括：数控机床的基本认识、编程基础，数控铣床、数控车床、数控钻镗床、数控电火花线切割及加工中心的编程操作，数控机床的结构、伺服系统、自动编程及应用。

本书通俗易懂，涉及面广，内容丰富，可操作性强，适合高等工科院校使用。可作为高等院校机械设计制造及其自动化专业、机电类专业、高等职业技术院校数控技术应用专业的教学用书，也可供相关专业的师生和从事相关工作的科技人员参考。

本书在编写过程中得到了中国农业大学工学院侯书林教授的大力支持和帮助，侯书林教授审阅了书稿，并提出了宝贵意见；吉林大学机械学院也对本书的编写给予了大力支持；本书还借鉴了同类书刊的长处和精华。谨在此一并表示真诚的感谢！

参加本书编写的有张洪江、侯书林、于春海、李猛、王和平、赵清来老师。全书由张洪江、李猛统稿。

由于水平有限，书中难免存在缺点和疏漏，希望广大读者批评指正。

编　者
2009 年 8 月

目　　录

第 1 章　数控机床概述

教学提示： 根据数控机床的基本工作原理和工作特点，数控机床可有不同的分类方法，以突出数控机床的特点。为了满足不同加工工艺的过程，数控机床控制系统的工作过程强调对输入的控制参数，通常由伺服系统控制机械量进行描述，即插补方法来实现。

教学要求： 根据数控机床的基本工作原理，工作特点，知道数控机床的不同分类方法，明确数控机床控制系统描述的含义，重点理解数控机床工作原理的概念，包括数控系统的基本功能和数控系统的工作过程，掌握数控系统的发展趋势，包括计算机直接控制系统、自适应控制系统、计算机集成制造系统等。掌握典型数控机床的特点，并能灵活地应用。

1.1　数控机床的基本工作原理

数字控制(Numerical Control，NC)简称数控，在机床领域指用数字化信号对机床运动及其加工过程进行控制的一种自动化技术。它所控制的一般是位置、角度、速度等机械量，但也有温度、流量、压力等物理量。

计算机数控(Computerized Numerical Control，CNC，又称 Microcomputerized Numerical Control，MNC)是用专用计算机通过控制程序来实现部分或全部基本控制功能，并能通过接口与各种输入/输出设备建立联系的一种自动化技术。更换不同的控制程序，可以实现不同的控制功能。

数控机床是一种灵活、通用、能够适应产品频繁变化的柔性自动化机床。

1.1.1　数控机床的组成

数控机床主要由机床本体、数控系统、驱动装置、辅助装置等几个部分组成。

机床本体是数控机床加工运动的机械部分，主要包括支承部件(床身、立柱)、主动部件(主轴箱)、进给运动部件(工作台滑板、刀架)等。

数控系统(CNC 装置)是数控机床的控制核心，一般是一台专用的计算机。

驱动装置是数控机床执行机构的驱动部分，包括主轴电动机、进给伺服电动机等。

辅助装置指数控机床的一些配套部件，包括刀库、液压装置、气动装置、冷却系统、排屑装置、夹具、换刀机械手等。

机床数控系统的基本工作流程如图 1.1 所示。机床数控系统是由加工指令程序、计算机控制装置、可编程逻辑控制器、主轴进给驱动装置、速度控制单元及位置检测装置等组成，其核心部分是计算机控制装置。

计算机控制装置由硬件和软件两部分组成。硬件的主体是计算机，包括中央处理器、输入/输出部分和位置控制部分。软件有管理软件和控制软件。管理软件包括输入/输出、显示和诊断程序等；控制软件包括译码、刀具补偿、速度控制、插补运算和位置控制等程序。

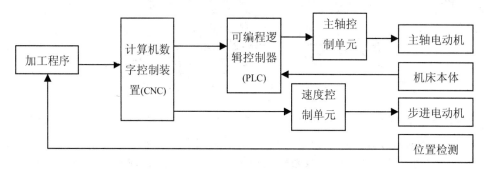

图 1.1　机床数控系统基本工作流程

1. 数控系统的基本功能

数控系统即位置控制系统，具有 3 个基本功能：

(1) 输入功能：指零件加工程序和各种参数的输入。

(2) 插补功能：在加工零件的实际轮廓或轨迹的已知点之间确定一些中间点的方法。通常在给定直线或圆弧的起点和终点之间插补中间点。插补方法主要有两种：

① 脉冲增量法。其特点是：每次插补运算产生一个进给脉冲，输出脉冲的最大速率取决于执行一次插补运算所需要的时间，这种方法适用于步进电动机驱动的开环数控系统，进给速率比较低。

② 数字增量法。其特点是：整个控制系统通过计算机形成闭环，计算机定时采样反馈的实际位置，将采样结果与插补生成的指令数据进行比较，求得误差信号，进而给出主轴进给速度指令，这种方法适用于直流、交流伺服电动机驱动的位置采样控制系统。

(3) 伺服控制。将计算机送出的位置进给脉冲或进给速度指令，经变换和放大后化为伺服电动机(步进或直、交流电动机)的转动，从而带动机床工作台移动。

2. 数控系统的工作过程

数控系统对输入的零件加工程序、控制参数、补偿数据等进行识别和译码，并执行所需要的逻辑运算，发出相应的指令脉冲，控制机床的驱动装置，操作机床实现预期的加工功能。

3. 主轴控制单元

主轴控制单元主要控制机床主轴的旋转运动。

4. 速度控制单元

进给驱动装置是由交、直流电动机、速度检测元件和速度控制元件组成。速度控制单元主要控制机床各坐标轴的切削进给运动。

5. 可编程逻辑控制器

可编程逻辑控制器是一种专为在工业环境下应用而设计的数字运算操作电子系统。可编程逻辑控制器(PLC)处于计算机控制装置与机床之间，对计算机控制装置和机床的输入/输出信号进行处理，实现辅助功能 M、主轴转速 S 及刀具功能 T 的控制和译码。即按照预先规定的逻辑顺序对诸如主轴的启动、停止、转向、转速、刀具的更换、零件的夹紧松开、液压、冷却、润滑、气动等进行控制。

1.1.2　数控机床加工的基本工作原理

数控机床加工时，是根据零件图样要求及加工工艺过程，将所用刀具及机床各部件的移动量、速度及动作先后顺序、主轴转速、主轴旋转方向及冷却等要求，以规定的数控代码形式编制成程序单，并输入到机床专用计算机中。然后，数控系统根据输入的指令，进行编译、运算和逻辑处理，输出各种信号指令，控制机床各部分进行规定的位移和有顺序的动作，加工出各种不同形状的零件。

1.1.3　数控机床加工特点

1. 适应性强

数控机床灵活、通用、万能，可加工不同形状的零件，能完成钻、镗、锪、铰、铣削、车削、攻螺纹等加工。

2. 精度高

目前数控装置的脉冲当量(每输出一个脉冲后滑板的移动量称为脉冲当量)一般为0.001mm，高精度的数控系统可达0.0001mm。而切削进给传动链的反向间隙与丝杠螺距误差等均可由数控装置进行补偿，因此，数控机床能达到比较高的加工精度，一般可达0.005～0.1mm。对于中、小型数控机床，定位精度普遍可达到0.03mm，重复定位精度为0.01mm。数控机床的自动加工方式不但可避免人工操作误差，使零件加工的质量稳定，更重要的是可进行复杂曲面的加工。

3. 效率高

数控机床与普通机床相比可提高生产效率3～5倍。对于复杂成形面的加工，生产效率可提高10倍，甚至几十倍。

4. 减轻劳动强度、改善劳动条件

利用数控机床进行加工，只需按图样要求编制加工程序，然后输入并调试程序，安装坯件进行加工，观察监视加工过程并装卸零件。除此之外，不需要进行繁重的重复性手工操作，劳动强度与紧张程度可大为减轻，劳动条件也相应得到改善。

1.1.4　数控机床的应用范围

数控机床是一种高度自动化的机床，有一般机床所不具备的许多优点，所以数控机床的应用范围在不断扩大，但数控机床的技术含量高，成本高，使用维修都有一定难度，若从最经济的方面考虑，数控机床适用于加工：

(1) 多品种小批量零件(合理生产批量为10～100件之间)；

(2) 结构较复杂，精度要求较高或必须用数学方法确定的复杂曲线、曲面等零件；

(3) 需要频繁改型的零件；

(4) 钻、镗、铰、锪、攻螺纹及铣削工序联合进行的零件，如箱体、壳体等；

(5) 价格昂贵，不允许报废的零件；

(6) 要求百分之百检验的零件;

(7) 需要最小生产周期的急需零件。

1.2　数控机床分类

数控机床种类很多,如铣削类、钻铰类、车削类、磨削类、线切割、加工中心等(见图 1.2),其分类方法也很多,大致有以下几种。

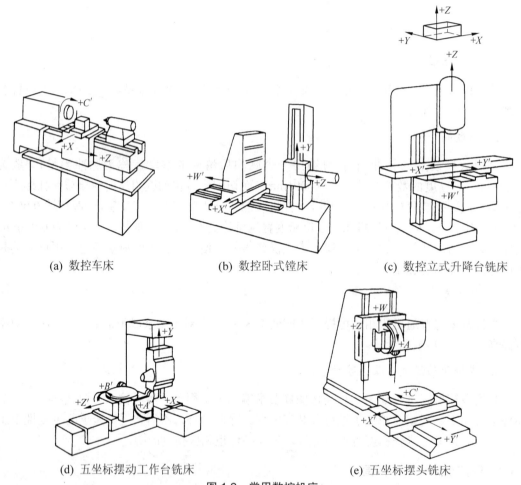

(a) 数控车床　　　　　　(b) 数控卧式镗床　　　　　(c) 数控立式升降台铣床

(d) 五坐标摆动工作台铣床　　　　　　　(e) 五坐标摆头铣床

图 1.2　常用数控机床

1.2.1　按控制刀具与零件相对运动轨迹分类

1. 点位控制或位置控制数控机床

点位控制或位置控制数控机床只能控制工作台或刀具从一个位置精确地移动到另一位置,在移动过程中不进行加工,各个运动轴可以同时移动,也可以依次移动,如图 1.3(a) 所示。如数控镗、钻、冲,数控点焊机及数控折弯机等均属此类机床。

2. 轮廓控制数控机床

轮廓控制数控机床能够同时对两个或两个以上坐标轴进行连续控制，具有插补功能，工作台或刀具边移动边加工，如图 1.3(b)、(c)所示，如数控铣、车、磨及加工中心等是典型的轮廓控制数控机床，数控火焰切割机、数控线切割及数控绘图机等也都采用轮廓控制系统。

1.2.2 按加工方式分类

(1) 金属切削类：如数控车、钻、镗、铣、磨、加工中心等。
(2) 金属成形类：如数控折弯机、弯管机、四转头压力机等。
(3) 特殊加工类：如数控线切割、电火花、激光切割机等。
(4) 其他类：如数控火焰切割机、三坐标测量机等。

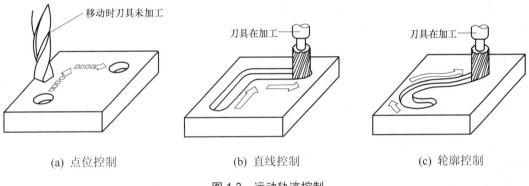

(a) 点位控制　　　　(b) 直线控制　　　　(c) 轮廓控制

图 1.3　运动轨迹控制

1.2.3 按控制坐标轴数分类

(1) 两坐标数控机床：两轴联动，用于加工各种曲线轮廓的回转体，如数控车床。
(2) 三坐标数控机床：三轴联动，多用于加工曲面零件，如数控铣床、数控磨床。
(3) 多坐标数控机床：四轴或五轴联动，多用于加工形状复杂的零件。图 1.4 所示为两种不同类的四轴联动数控机床。

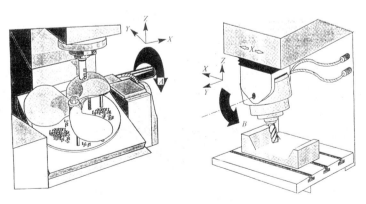

图 1.4　四轴联动数控机床

1.2.4 按驱动系统的控制方式分类

1. 开环控制数控机床

开环控制数控机床的工作原理如图 1.5 所示。

图 1.5 开环驱动控制系统

开环控制数控机床不带位置检测反馈装置,通常使用功率步进电动机或电液脉冲马达作为执行机构,数控装置输出的脉冲通过环形分配器和驱动电路,使步进电动机转过相应的步距角,再经过减速齿轮带动丝杠旋转,最后转换为移动部件的直线位移。其反应快,调试方便,比较稳定,维修简单。但系统对移动部件的误差没有补偿和校正,步进电动机的步距误差、齿轮与丝杠等的传动链误差都将反映到被加工零件的精度中去,所以精度比较低。此类数控机床多为经济类机床。

2. 闭环控制数控机床

闭环控制数控机床带有检测反馈装置,位置检测器安装在机床运动部件上,加工中将监测到的实际运行位置值反馈到数控装置中,与输入的指令位置相比较,用差值对移动部件进行控制,其精度高。从理论上说,闭环系统的控制精度主要取决于检测装置的精度,但这并不意味着可以降低机床的结构与传动链的要求,传动系统的刚性不足及间隙、导轨的爬行等各种因素将增加调试的困难,严重时会使闭环控制系统的品质下降甚至引起振荡。故闭环系统的设计和调整都有较大的难度,此类机床主要用于一些精度要求较高的镗铣床、超精车床和加工中心等。闭环控制数控机床的工作原理如图 1.6 所示。

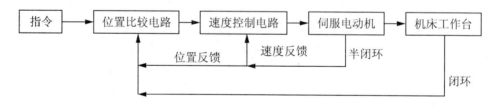

图 1.6 闭环与半闭环驱动控制系统

3. 半闭环控制数控机床

半闭环控制数控机床与闭环控制不同的是,检测元件安装在电动机的端头或丝杠的端头。该系统不是直接测量工作台的位移量,而是通过检测丝杠或电动机轴上的转角间接地测量工作台的位移量,然后反馈给数控装置。显然,半闭环控制系统的实际控制量是丝杠的转动,而由丝杠转动变换为工作台的移动,不受闭环的控制,这一部分的精度由丝杠-螺母(齿轮)副的传动精度来保证。其特点是比较稳定,调试方便,精度介于开闭环之间,被广泛采用。

1.3　数控插补原理

1.3.1　插补方法

1. 插补的基本概念

零件的形状轮廓由各种线型(如直线、圆弧、螺旋线、抛物线、自由曲线等)组成，因此控制刀具或零件的运动，使加工出的零件满足几何尺寸精度和表面粗糙度的要求，是数控系统的核心问题。如果要求刀具的运动轨迹完全符合零件形状轮廓，会使算法变得非常复杂，计算机的工作量大大增加。从理论上讲，如果已知零件的轮廓方程，如 $y=f(x)$，则 x 方向增加 Δx 时，可计算出 Δy 的值。只要合理控制 Δx、Δy 的值，就可以得到满足几何尺寸精度和表面粗糙度要求的零件轮廓。但用这种直接计算的方法，曲线次数越高，计算也就越复杂，占用 CPU 的时间也越多，加工效率也越低。另外，还有一些用离散数据表示的曲线、曲面等，无法用上述方法进行计算。因此，数控系统不采用这种直接计算的方法。

在实际加工过程中，常常用小段直线或圆弧来逼近(拟合)零件的轮廓曲线，在有些场合也可以用抛物线、椭圆、双曲线来逼近。所谓插补，就是指数据密化的过程，对输入数控系统的有限坐标点(例如起点、终点)，计算机根据曲线的特征，运用一定的计算方法，自动地在有限坐标点之间生成一系列的坐标数据，以满足加工精度的要求。

数控系统(包括硬件 NC 系统和计算机 CNC 系统)必须具备插补功能，但采取的插补方式会有所不同。在 CNC 系统中，一般采用软件或软件和硬件相结合的方法完成插补运算，称为软件插补；在 NC 系统中，有一个专门实现插补计算的计算装置(插补器)，称为硬件插补。软件插补和硬件插补的原理相同，其作用都是根据给定的信息进行计算，在计算过程中不断向各坐标轴发出相互协调的进给脉冲，使数控机床按指定的轨迹运动。

2. 插补功能的基本要求

插补计算是数控系统的主要功能之一，它直接影响数控机床的加工质量和加工效率。对插补功能的基本要求是：

(1) 必须保证插补计算的精度，插补结果没有累积误差，局部偏差不能超过允许的误差(一般小于规定的分辨率)。

(2) 对于硬件插补，要求控制电路简单可靠；对于软件插补，要求计算方法简洁，计算速度快。

(3) 控制系统运行速度快且输出脉冲均匀，使进给速度恒定且能满足加工要求。

(4) 插补计算所需的原始数据较少。

3. 插补方法的分类

根据插补运算所采用的基本原理和计算方法的不同，通常分为基准脉冲插补和数据采样插补两大类。

1) 基准脉冲插补

基准脉冲插补又称脉冲增量插补或行程标量插补，适用于以步进电动机为驱动装置的开环数控系统。其特点是每次插补结束后产生一个行程增量，以脉冲的方式输出到步进电动机，驱动坐标轴运动。单个脉冲使坐标轴产生的移动量称为脉冲当量，一般用 δ 表示。脉冲当量是脉冲的基本单位，按加工精度选定，普通机床取 $\delta=0.01$mm，较精密的机床取 $\delta=0.005$mm、0.0025mm 或 0.001mm。由于基准脉冲插补算法只用加法和移位即可完成，故运算速度很快。一般用于中等精度(0.01mm)和中等速度(1～3m/min)的数控系统。

2) 数据采样插补

数据采样插补又称数字增量插补或时间标量插补，适用于交、直流伺服电动机驱动的闭环(或半闭环)控制系统。这类插补算法的特点是插补运算分两步进行。首先为粗插补，即在给定起点和终点的曲线之间插入若干点，用若干微小直线段来逼近给定曲线，每一微小直线段的长度 ΔL 相等，且与给定的进给速度有关。在每一插补周期中，粗插补程序被调用一次，因而每一微小直线段的长度 ΔL 与进给速度 F 和插补周期 T 成正比，即 $\Delta L = FT$。粗插补的特点是把给定的曲线用一组直线段来逼近。第二步为精插补，它在粗插补计算出的每一微小直线段的基础上再作"数据点的密化"工作。这一步相当于对直线的脉冲增量插补。在实际应用中，粗插补由软件完成，即通常所说的插补运算；精插补可以由软件完成，也可以由硬件完成。这类插补算法都是采用时间分割的思想，根据程序编制的进给速度，将轮廓曲线分割为采样周期的进给段(轮廓步长)，即用直线或圆弧逼近轮廓曲线。

1.3.2 基准脉冲插补

基准脉冲插补最初是在 NC 装置中用硬件实现，现在在 CNC 系统中用软件来实现这种算法。其中，逐点比较插补法和数字积分插补法得到了广泛的应用。

1. 逐点比较插补法

逐点比较插补法又称代数运算法、醉步法，它是一种最早的插补算法，其原理是：CNC 系统在控制加工过程中，能逐点计算和判别刀具的运动轨迹与给定轨迹的偏差，并根据偏差控制进给轴向给定轮廓方向靠近，使加工轮廓逼近给定轮廓曲线。逐点比较法是以折线来逼近直线或圆弧曲线，它与给定的直线或圆弧之间的最大误差不超过一个脉冲当量，因此只要将脉冲当量即坐标轴进给一步的距离取得足够小，就可满足加工精度的要求。

1) 逐点比较直线插补

假设加工如图 1.7 所示第一象限的直线 OA。直线的起点为坐标原点，直线的终点坐标 $A(x_e, y_e)$ 为已知。设 $P(x_i, y_i)$ 为任意一个加工点(动点)，若 P 点正好在直线上，则

$$\frac{y_i}{x_i}=\frac{y_e}{x_e}$$

成立，即 $y_i x_e - y_e x_i = 0$；

若 P 点在直线的上方(图中 P' 点)，则

$$\frac{y_i}{x_i}>\frac{y_e}{x_e}$$

成立，即 $y_i x_e - y_e x_i > 0$；

若 P 点在直线的下方(图中 P'' 点)，则

$$\frac{y_i}{x_i}<\frac{y_e}{x_e}$$

成立，即 $y_i x_e - y_e x_i < 0$。

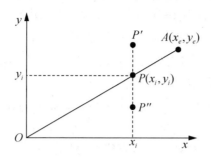

图 1.7　逐点比较直线插补

定义直线插补的偏差判别式 F_i 为

$$F_i = y_i x_e - y_e x_i$$

若 $F_i = 0$，则表明 P 点在直线 OA 上；

若 $F_i > 0$，则表明 P 点在直线 OA 的上方；

若 $F_i < 0$，则表明 P 点在直线 OA 的下方。

从图中可以看出：

当 $F_i \geqslant 0$ 时，刀具应向 +x 方向进给一步，以逼近给定直线，此时的坐标值为

$$\begin{cases} x_{i+1} = x_i + 1 \\ y_{i+1} = y_i \end{cases}$$

则新加工点的偏差为

$$\begin{aligned} F_{i+1} &= y_{i+1} x_e - y_e x_{i+1} = y_i x_e - y_e (x_i + 1) \\ &= y_i x_e - y_e x_i - y_e = F_i - y_e \end{aligned} \tag{1-1}$$

当 $F_i < 0$ 时，刀具应向 +y 方向进给一步，此时的坐标值为

$$\begin{cases} x_{i+1} = x_i \\ y_{i+1} = y_i + 1 \end{cases}$$

则新加工点的偏差为

$$\begin{aligned} F_{i+1} &= y_{i+1} x_e - y_e x_{i+1} = (y_i + 1) x_e - y_e x_i \\ &= y_i x_e + x_e - y_e x_i = F_i + x_e \end{aligned} \tag{1-2}$$

进给一步后，由前一点的加工偏差和终点坐标(x_e，y_e)可计算出新加工点的偏差，再根据新加工点偏差判别式的符号决定下一步的走向。如此下去，直到两个方向的坐标值与终点坐标(x_e，y_e)相等，发出终点到达信号，该直线段插补结束。

从上述过程可以看出，逐点比较法中刀具每进给一步都要完成以下 4 项内容：

(1) 偏差符号判别。确定加工点是在规定零件轮廓线外侧还是在内侧，即判断是否 $F \geqslant 0$。

(2) 坐标进给。根据偏差情况，控制 x 坐标轴或 y 坐标轴进给一步，使加工点向零件轮廓线靠拢，以缩小偏差。当 $F \geqslant 0$ 时，向 +x 方向进给一步；当 $F < 0$ 时，向 +y 方向进给一步。

(3) 新偏差计算。进给一步后，计算新加工点与零件轮廓的偏差，作为下一步偏差判别的依据。计算公式为式(1-1)或式(1-2)。

(4) 终点判别。判别终点的方法有两种：一是计算出 x 和 y 方向坐标所要进给的总步数，

即 $\sum N = (|x_e| - x_0) + (|y_e| - y_0) = |x_e| + |y_e|$，每向 x 或 y 方向进给一步，均进行 $\sum N$ 减 1 计算，当 $\sum N$ 减至零时即到终点，停止插补。另一种方法是分别求出 x 坐标和 y 坐标应进给的步数，即 $|x_e|$ 和 $|y_e|$ 的值，当沿 x 方向进给一步时，$N_x - 1$；当沿 y 方向进给一步时，$N_y - 1$；当 N_x 和 N_y 都为零时，达到终点，停止插补。

【例 1.1】 设在第一象限插补直线段 OA，起点为坐标原点 $O(0，0)$，终点为 $A(8，6)$。试用点比较法进行插补，并画出插补轨迹。

解：用第一种终点判别法插补完这段直线，刀具沿 x、y 轴应进给的总步数为

$$\sum N = |x_e| + |y_e| = 8 + 6 = 14$$

插补运算过程如表 1-1 所示。

表 1-1　逐点比较插补运算过程

偏差判断	进给方向	新偏差计算	终点判别
$F_0 = 0$	$+x$	$F_1 = F_0 - y_e = 0 - 6 = -6$	$\sum N = 14 - 1 = 13$
$F_1 = -6 < 0$	$+y$	$F_2 = F_1 + x_e = -6 + 8 = 2$	$\sum N = 13 - 1 = 12$
$F_2 = 2 > 0$	$+x$	$F_3 = F_2 - y_e = 2 - 6 = -4$	$\sum N = 12 - 1 = 11$
$F_3 = -4 < 0$	$+y$	$F_4 = F_3 + x_e = -4 + 8 = 4$	$\sum N = 11 - 1 = 10$
$F_4 = 4 > 0$	$+x$	$F_5 = F_4 - y_e = 4 - 6 = -2$	$\sum N = 10 - 1 = 9$
$F_5 = -2 < 0$	$+y$	$F_6 = F_5 + x_e = -2 + 8 = 6$	$\sum N = 9 - 1 = 8$
$F_6 = 6 > 0$	$+x$	$F_7 = F_6 - y_e = 6 - 6 = 0$	$\sum N = 8 - 1 = 7$
$F_7 = 0$	$+x$	$F_8 = F_7 - y_e = 0 - 6 = -6$	$\sum N = 7 - 1 = 6$
$F_8 = -6 < 0$	$+y$	$F_9 = F_8 + x_e = -6 + 8 = 2$	$\sum N = 6 - 1 = 5$
$F_9 = 2 > 0$	$+x$	$F_{10} = F_9 - y_e = 2 - 6 = -4$	$\sum N = 5 - 1 = 4$
$F_{10} = -4 < 0$	$+y$	$F_{11} = F_{10} + x_e = -4 + 8 = 4$	$\sum N = 4 - 1 = 3$
$F_{11} = 4 > 0$	$+x$	$F_{12} = F_{11} - y_e = 4 - 6 = -2$	$\sum N = 3 - 1 = 2$
$F_{12} = -2 < 0$	$+y$	$F_{13} = F_{12} + x_e = -2 + 8 = 6$	$\sum N = 2 - 1 = 1$
$F_{13} = 6 > 0$	$+x$	$F_{14} = F_{13} - y_e = 6 - 6 = 0$	$\sum N = 1 - 1 = 0$

上面介绍的是第一象限的插补过程。对于其他象限的直线进行插补时，可以用相同的原理获得。表 1-2 列出了 4 个象限的直线插补时，偏差和进给脉冲方向。计算时，终点坐标 x_e、y_e 和加工点坐标均取绝对值。

表 1-2　直线插补计算公式和进给方向

	线型	$F_i \geq 0$ 时，进给方向	$F_i < 0$ 时，进给方向	偏差计算公式
	L_1	$+x$	$+y$	$F_i \geq 0$ 时： $F_{i+1} = F_i - y_e$ $F_i < 0$ 时： $F_{i+1} = F_i + x_e$
	L_2	$-x$	$+y$	
	L_3	$-x$	$-y$	
	L_4	$+x$	$-y$	

逐点比较法直线插补可以用硬件实现，也可以用软件实现。用硬件实现时，采用两个坐标寄存器、偏差寄存器、加法器、终点判别器等组成逻辑电路即可实现逐点比较法的直线插补。用软件实现插补的程序流程如图 1.8 所示，插补轨迹如图 1.9 所示。

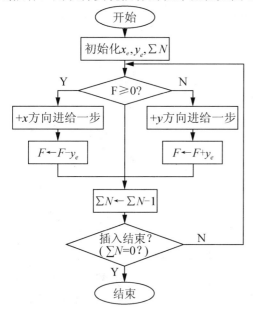

图 1.8　软件实现插补的程序流程

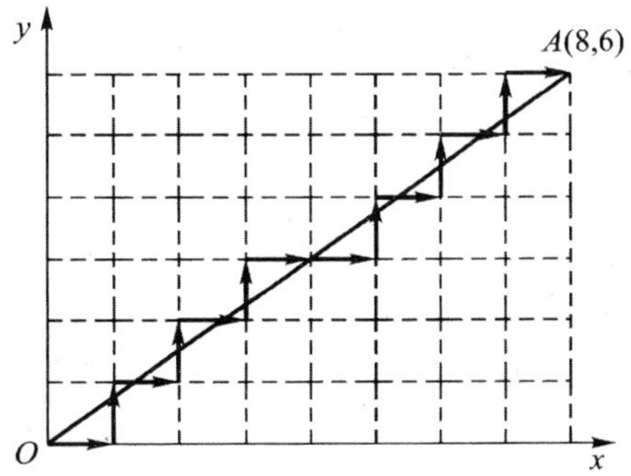

图 1.9　插补轨迹

2) 逐点比较圆弧插补

逐点比较圆弧插补是以加工点到圆心的距离与圆弧半径之差作为偏差。一般以圆心为原点，给出圆弧起点坐标(x_0, y_0)和终点坐标(x_e, y_e)以及加工方向(顺时针或逆时针)及圆弧所在的象限。

图 1.10 所示为圆弧圆心位于原点，半径为 R，圆弧两端坐标为 $A(x_0, y_0)$、$B(x_e, y_e)$。令加工点的坐标为 $P(x_i, y_i)$，它与圆心的距离为 L，则

$$L^2 = x_i^2 + y_i^2$$

圆弧插补的偏差计算公式 F_i 为

$$F_i = L^2 - R^2 = x_i^2 + y_i^2 - R^2$$

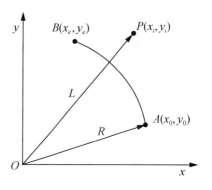

图 1.10　圆弧插补原理

根据加工点所在区域的不同，有以下 3 种情况：

当 $F_i = 0$ 时，表明加工点 P 在圆弧上；

当 $F_i > 0$ 时，表明加工点 P 在圆弧外；

当 $F_i < 0$ 时，表明加工点 P 在圆弧内。

圆弧插补分顺时针圆弧插补和逆时针圆弧插补，两种情况下的偏差计算和坐标进给均不相同，下面分别予以介绍。

(1) 逆时针圆弧插补。设逆时针圆弧插补时，圆弧起点为 $A(x_0, y_0)$，终点为 $B(x_i, y_i)$，

如图 1.11 所示。

当 $F_i \geq 0$ 时，表明加工点在圆弧外或圆弧上，为使加工点逼近给定圆弧，应让刀具向 $-x$ 方向进给一步，此时新加工点的坐标为

$$\begin{cases} x_{i+1} = x_i - 1 \\ y_{i+1} = y_i \end{cases}$$

则新加工点的偏差为

$$\begin{aligned} F_{i+1} &= x_{i+1}^2 + y_{i+1}^2 - R^2 = (x_i - 1)^2 + y_i^2 - R^2 \\ &= x_i^2 - 2x_i + 1 + y_i^2 - R^2 = F_i - 2x_i + 1 \end{aligned} \tag{1-3}$$

当 $F_i < 0$ 时，表明加工点在圆弧内，为使加工点逼近给定圆弧，应让刀具向 $+y$ 方向进给一步，此时新加工点的坐标为

$$\begin{cases} x_{i+1} = x_i \\ y_{i+1} = y_i + 1 \end{cases}$$

则新加工点的偏差为

$$\begin{aligned} F_{i+1} &= x_{i+1}^2 + y_{i+1}^2 - R^2 = x_i^2 + (y_i + 1)^2 - R^2 \\ &= x_i^2 + y_i^2 + 2y_i + 1 - R^2 = F_i + 2y_i + 1 \end{aligned} \tag{1-4}$$

(2) 顺时针圆弧插补。设顺时针圆弧插补时，圆弧起点为 $A(x_0, y_0)$，终点为 $B(x_e, y_e)$，如图 1.12 所示。当 $F_i \geq 0$ 时，表明加工点在圆弧外或圆弧上，此时要使刀具逼近给定圆弧，应让刀具沿 $-y$ 进给一步，此时新加工的坐标为

$$\begin{cases} x_{i+1} = x_i \\ y_{i+1} = y_i - 1 \end{cases}$$

则新加工点的偏差为

$$\begin{aligned} F_{i+1} &= x_i^2 + (y_i + 1)^2 - R^2 = x_i^2 + y_i^2 + 2y_i + 1 - R^2 \\ &= F_i - 2y_i + 1 \end{aligned} \tag{1-5}$$

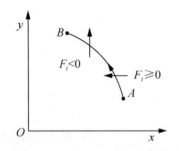
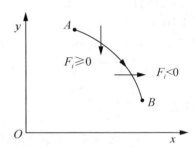

图 1.11　第一象限逆时针圆弧插补　　　图 1.12　第一象限顺时针圆弧插补

当 $F_i < 0$ 时，表明加工点在圆弧内，为使加工点靠近圆弧和终点，应让刀具沿 $+x$ 方向进给一步，此时新加工的坐标为

$$\begin{cases} x_{i+1} = x_i + 1 \\ y_{i+1} = y_i \end{cases}$$

则新加工点的偏差为

$$F_{i+1} = (x_i + 1)^2 + y_i^2 - R^2 = x_i^2 + 2x_i + 1 + y_i^2 - R^2$$
$$= x_i^2 + 2x_i + 1 + y_i^2 - R^2 = F_i + 2x_i + 1 \tag{1-6}$$

从以上的推导中可以看出，无论逆时针圆弧插补还是顺时针圆弧插补，其原理都与直线插补相同。因此，圆弧插补每进给一步，也要完成偏差判别、坐标进给、新偏差计算和终点判别 4 项内容，只是偏差计算公式、进给方向和终点判别步数 N 的计算公式与直线插补不一样。其中，偏差计算公式和进给方向可利用式(1-3)～式(1-6)，终点判别方法有如下两种：

(1) 分别求出沿 x 坐标和 y 坐标应进给的步数，即 $|x_e - x_0| = N_x$、$|y_e - y_0| = N_y$，并将这两个方向的进给步数进行累加 $\sum N = N_x + N_y$，无论向 x 方向或 y 方向进给一步，均进行 $\sum N$ 减 1 计算，当 $\sum N$ 减至零时即到终点，停止插补。

(2) 分别求出 x 坐标和 y 坐标应进给的步数，即 $|x_e - x_0| = N_x$、$|y_e - y_0| = N_y$，沿 x 方向进给一步，$N_x - 1$；沿 y 方向进给一步，$N_y - 1$；当 N_x 和 N_y 都为零时，达到终点。

上面介绍的是第一象限的圆弧插补，计算公式和进给方向归纳为表 1-3，其他象限的顺时针圆弧插补、逆时针圆弧插补规律如图 1.13 所示。

表 1-3   第一象限圆弧插补的计算公式和进给方向

插补方向	偏差	进给方向	偏差计算	坐标计算
顺时针	$F_i \geqslant 0$	$-y$	$F_{i+1} = F_i - 2y_i + 1$	$x_{i+1} = x_i \ y_{i+1} = y_i - 1$
	$F_i < 0$	$+x$	$F_{i+1} = F_i + 2x_i + 1$	$x_{i+1} = x_i + 1 \ y_{i+1} = y_i$
逆时针	$F_i \geqslant 0$	$-x$	$F_{i+1} = F_i - 2x_i + 1$	$x_{i+1} = x_i - 1 \ y_{i+1} = y_i$
	$F_i < 0$	$+y$	$F_{i+1} = F_i + 2y_i + 1$	$x_{i+1} = x_i \ y_{i+1} = y_i + 1$

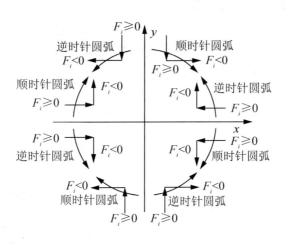

图 1.13   不同象限圆弧插补的进给方向

【例 1.2】 第一象限逆时针圆弧 AB，起点为 $A(6, 0)$，终点为 $B(0, 6)$。试对此段圆弧进行插补，并画出插补轨迹图。

解：用第二种终点判别方法插补完这段圆弧，刀具沿 x 坐标轴和 y 坐标轴应进给的步数分别为

$$N_x = |x_e - x_0| = 6 \qquad N_y = |y_e - y_0| = 6$$

插补过程计算如表 1-4 所示，插补轨迹如图 1.14 所示。

表 1-4　逆时针圆弧插补计算表

偏差判断	进给方向	偏差计算	坐标计算	终点判别
		$F_0 = 0$	$x_0 = x_A = 6 \quad y_0 = y_A = 0$	$N_x = 6 \quad N_y = 6$
$F_0 = 0$	$-x$	$F_1 = F_0 - 2x_0 + 1 = 0 - 12 + 1 = -11$	$x_1 = 6 - 1 = 5 \quad y_1 = 0$	$N_x = 6 - 1 = 5$
$F_1 = -11 < 0$	$+y$	$F_2 = F_1 + 2y_1 + 1 = -11 + 0 + 1 = -10$	$x_2 = 5 \quad y_2 = 0 + 1 = 1$	$N_y = 6 - 1 = 5$
$F_2 = -10 < 0$	$+y$	$F_3 = F_2 + 2y_2 + 1 = -10 + 2 + 1 = -7$	$x_3 = 5 \quad y_3 = 1 + 1 = 2$	$N_y = 5 - 1 = 4$
$F_3 = -7 < 0$	$+y$	$F_4 = F_3 + 2y_3 + 1 = -7 + 4 + 1 = -2$	$x_4 = 5 \quad y_4 = 2 + 1 = 3$	$N_y = 4 - 1 = 3$
$F_4 = -2 < 0$	$+y$	$F_5 = F_4 + 2y_4 + 1 = -2 + 6 + 1 = 5$	$x_5 = 5 \quad y_5 = 3 + 1 = 4$	$N_y = 3 - 1 = 2$
$F_5 = 5 > 0$	$-x$	$F_6 = F_5 - 2x_5 + 1 = 5 - 10 + 1 = -4$	$x_6 = 5 - 1 = 4 \quad y_6 = 4$	$N_x = 5 - 1 = 4$
$F_6 = -4 < 0$	$+y$	$F_7 = F_6 + 2y_6 + 1 = -4 + 8 + 1 = 5$	$x_7 = 4 \quad y_7 = 4 + 1 = 5$	$N_y = 2 - 1 = 1$
$F_7 = 5 > 0$	$-x$	$F_8 = F_7 - 2x_7 + 1 = 5 - 8 + 1 = -2$	$x_8 = 4 - 1 = 3 \quad y_8 = 5$	$N_x = 4 - 1 = 3$
$F_8 = -2 < 0$	$+y$	$F_9 = F_8 + 2y_8 + 1 = -2 + 10 + 1 = 9$	$x_9 = 3 \quad y_9 = 5 + 1 = 6$	$N_y = 1 - 1 = 0$
$F_9 = 9 > 0$	$-x$	$F_{10} = F_9 - 2x_9 + 1 = 9 - 6 + 1 = 4$	$x_{10} = 3 - 1 = 2 \quad y_{10} = 6$	$N_x = 3 - 1 = 2$
$F_{10} = 4 > 0$	$-x$	$F_{11} = F_{10} - 2x_{10} + 1 = 4 - 4 + 1 = 1$	$x_{11} = 2 - 1 = 1 \quad y_{11} = 6$	$N_x = 2 - 1 = 1$
$F_{11} = 1 > 0$	$-x$	$F_{12} = F_{11} - 2x_{11} + 1 = 1 - 2 + 1 = 0$	$x_{12} = 1 - 1 = 0 \quad y_{12} = 6$	$N_x = 1 - 1 = 0$

【例 1.3】　第一象限顺时针圆弧 AB，起点为 $A(0, 6)$，终点为 $B(6, 0)$。试对此段圆弧进行插补，并画出插补轨迹图。

解：终点判别用第一种方法，则

$$N_x = |x_e - x_0| = 6 \qquad N_y = |y_e - y_0| = 6$$

$$\sum N = N_x + N_y = 12$$

插补过程计算如表 1-5 所示，插补轨迹如图 1.15 所示。

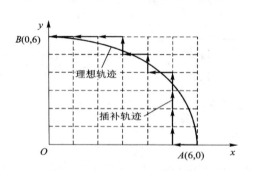

图 1.14　逆时针圆弧插补

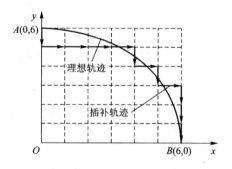

图 1.15　顺时针圆弧插补

逐点比较圆弧插补法可以用硬件实现，也可以由软件来实现。硬件实现时可用两个坐标寄存器(存放 x_i，y_i)、偏差寄存器、终点判别器等组成逻辑电路。用软件实现时，第一象限逆时针圆弧插补的程序框图如图 1.16 所示。

表 1-5　顺时针圆弧插补计算表

偏差判断	进给方向	偏差计算	坐标计算	终点判别
		$F_0=0$	$x_0=x_A=0$ $y_0=y_A=6$	$\sum N=12$
$F_0=0$	$-y$	$F_1=F_0-2y_0+1=0-12+1=-11$	$x_1=0$ $y_1=6-1=5$	$\sum N=11$
$F_1=-11<0$	$+x$	$F_2=F_1+2x_1+1=-11+0+1=-10$	$x_2=0+1=1$ $y_2=5$	$\sum N=10$
$F_2=-10<0$	$+x$	$F_3=F_2+2x_2+1=-10+2+1=-7$	$x_3=1+1=2$ $y_3=5$	$\sum N=9$
$F_3=-7<0$	$+x$	$F_4=F_3+2x_3+1=-7+4+1=-2$	$x_4=2+1=3$ $y_4=5$	$\sum N=8$
$F_4=-2<0$	$+x$	$F_5=F_4+2x_4+1=-2+6+1=5$	$x_5=3+1=4$ $y_5=5$	$\sum N=7$
$F_5=5>0$	$-y$	$F_6=F_5-2y_5+1=5-10+1=-4$	$x_6=4$ $y_6=5-1=4$	$\sum N=6$
$F_6=-4<0$	$+x$	$F_7=F_6+2x_6+1=-4+8+1=5$	$x_7=4+1=5$ $y_7=4$	$\sum N=5$
$F_7=5>0$	$-y$	$F_8=F_7-2y_7+1=5-8+1=-2$	$x_8=5$ $y_8=4-1=3$	$\sum N=4$
$F_8=-2<0$	$+x$	$F_9=F_8+2x_8+1=-2+10+1=9$	$x_9=5+1=6$ $y_9=3$	$\sum N=3$
$F_9=9>0$	$-y$	$F_{10}=F_9-2y_9+1=9-6+1=4$	$x_{10}=6$ $y_{10}=3-1=2$	$\sum N=2$
$F_{10}=4>0$	$-y$	$F_{11}=F_{10}-2y_{10}+1=4-4+1=1$	$x_{11}=6$ $y_{11}=2-1=1$	$\sum N=1$
$F_{11}=1>0$	$-y$	$F_{12}=F_{11}-2y_{11}+1=1-2+1=0$	$x_{12}=6$ $y_{12}=1-1=0$	$\sum N=0$

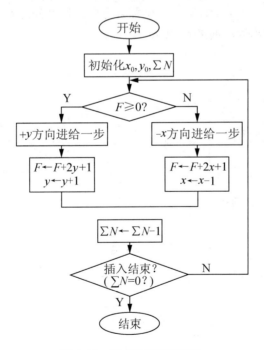

图 1.16　逐点比较圆弧插补

2. 数字积分插补法

数字积分插补法又称数字微分分析法(DDA，Digital Differential Analyzer)，它是利用数字积分的方法确定刀具沿各坐标轴的位移，使得刀具沿着所设定的曲线进行加工。数字积分插补法运算速度快、脉冲分配均匀、易于实现空间曲线插补，能够插补出各种平面曲线。

其缺点是速度调节不便，插补精度需要采取一定的措施才能满足要求。但由于计算机有较强的计算功能，采用软件插补时，能够克服上述缺点。

从图 1.17 所示可知，函数 $y = f(x)$ 与 x 坐标轴在区间$[a，b]$所包围的面积可用积分求得，即

$$S = \int_a^b y\mathrm{d}x = \lim_{x \to \infty} \sum_{i=1}^{n-1} y(x_{i+1} - x_i) \tag{1-7}$$

若把自变量的积分区间$[a，b]$等分成许多有限的小区间 $\Delta x(= x_{i+1} - x_i)$，这样求面积 S 可以转化成求有限个小区间面积之和，即

$$S = \sum_{i=0}^{n-1} \Delta S_i = \sum_{i=0}^{n-1} y_i \Delta x \tag{1-8}$$

计算时，若取 Δx 为基本单位"1"，即一个脉冲当量，则

$$S = \sum_{i=0}^{n-1} y_i \tag{1-9}$$

由此，将函数的积分运算变成了变量的求和运算，当 Δx 选取得足够小时，用求和运算代替积分运算所引起的误差可不超过允许误差。

1）数字积分法直线插补(以下称 DDA 直线插补)

设要对 xy 平面上的直线 OA 进行加工，如图 1.18 所示，直线的起点在坐标原点 $O(0，0)$，终点为 $A(x_e，y_e)$。刀具在 x 坐标轴和 y 坐标轴方向的速度分别为 v_x、v_y，则在 x 坐标轴和 y 坐标轴方向上的微小位移增量 Δx 和 Δy 为

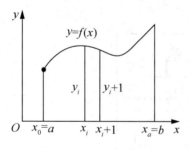

图 1.17　DDA 插补

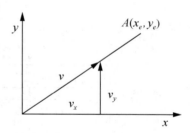

图 1.18　数字积分插补直线

$$\Delta x = v_x \Delta t$$
$$\Delta y = v_y \Delta t$$

假设刀具沿直线 OA 匀速运动，v、v_x、v_y 均为常数，故

$$\frac{v}{OA} = \frac{v_y}{y_e} = \frac{v_x}{x_e} = k$$

式中，k 为常数。

因此，可得 x、y 坐标方向的微小位移增量上 Δx 和 Δy，即

$$\begin{cases} \Delta x = v_x \Delta t = kx_e \Delta t \\ \Delta x = v_y \Delta t = ky_e \Delta t \end{cases}$$

则各坐标的位移量为

$$\begin{cases} x = \int_{t_0}^{t_n} kx_e \mathrm{d}t \\ y = \int_{t_0}^{t_n} ky_e \mathrm{d}t \end{cases}$$

式中，t_0、t_n 分别为对应起点和终点的时间。

上式为用数字积分法求 x 和 y 在区间$[t_0，t_n]$的定积分，积分值为由 O 到 A 的坐标增量，积分起点为坐标原点，坐标增量为终点坐标。用累加和代替积分得

$$\begin{cases} \int_{t_0}^{t_n} kx_e \mathrm{d}t = x_e = \sum_{i=1}^{n} kx_e \Delta t \\ \int_{t_0}^{t_n} ky_e \mathrm{d}t = y_e = \sum_{i=1}^{n} ky_e \Delta t \end{cases} \tag{1-10}$$

式中，k、x_e、y_e 均为常数。

取 $\Delta t = 1$，即 Δt 为一个脉冲时间间隔，则有

$$\begin{cases} x_e = \sum_{i=1}^{n} kx_e \Delta t = kx_e \sum_{i=1}^{n} 1 = kx_e n \\ y_e = \sum_{i=1}^{n} ky_e \Delta t = ky_e \sum_{i=1}^{n} 1 = ky_e n \end{cases} \tag{1-11}$$

由式(1-11)得知，$kn=1$，或 $k=1/n$，系数 k 和累加次数 n 互为倒数，且 x 必须是整数，故 k 必然是小数。同时，应满足每次增量 Δx 和 Δy 不大于 1，使得坐标轴每次只移动一个脉冲当量，即

$$\begin{cases} \Delta x = kx_e \leqslant 1 \\ \Delta y = ky_e \leqslant 1 \end{cases} \tag{1-12}$$

x_e 及 y_e 的最大允许值受到寄存器容量的限制。设寄存器的字长为 N，则 x_e 和 y_e 的最大允许值为 $2N-1$。要满足式(1-12)的条件，则

$$\begin{cases} kx_e = k(2^N - 1) \leqslant 1 \\ ky_e = k(2^N - 1) \leqslant 1 \end{cases} \tag{1-13}$$

可得 $k \leqslant 1/(2N-1)$，通常取 $k = 1/2N$，则式(1-12)可化为

$$\begin{cases} \Delta x = kx_e = (2^N - 1)/2^N \leqslant 1 \\ \Delta y = ky_e = (2^N - 1)/2^N \leqslant 1 \end{cases}$$

上式既决定了系数 $k = 1/2N$，又保证了 Δx 和 Δy 均不大于 1 的条件。由上面 $kn=1$ 可得累加次数为

$$n = \frac{1}{k} = 2^N$$

取 Δt 为一个脉冲时间间隔，即 $\Delta t = 1$，由式(1-12)有

$$\begin{cases} x_e = \sum_{i=1}^{n} \Delta x = \sum_{i=1}^{n} kx_e \\ y_e = \sum_{i=1}^{n} \Delta y = \sum_{k=1}^{n} ky_e \end{cases}$$

将$1/2^N$代入上两式，则

$$\begin{cases} x_e = \sum_{i=1}^{n} \dfrac{x_e}{2^N} \\ y_e = \sum_{i=1}^{n} \dfrac{y_e}{2^N} \end{cases} \tag{1-14}$$

式(1-14)表明，可用两个积分器来完成平面直线的插补计算，其被积函数寄存器的函数值分别为 $x_e/2N$ 和 $y_e/2N$。对于二进制数，$x_e/2N$ 相当于 x_e 的小数点左移 N 位，因此在 N 位寄存器中存放 x_e(整数)和存放 $x_e/2N$ 的数字是相同的，只是认为后者的小数点出现在最高位数的前面。因此，进行数字积分法直线插补计算时，应分别对终点 x_e 和 y_e 进行累加，累加器每溢出一个脉冲，控制机床在相应的坐标轴上进给一个脉冲当量。当累加 $n=2N$ 次后，x 坐标轴和 y 坐标轴所走的步数正好等于终点的坐标。

直线插补的终点判别由容量与积分器中的寄存器容量相同的终点减法计数器完成，每累加一次，终点减法器减一次 1，当计数器为零时，直线插补结束。为保证每次累加只溢出一个脉冲，累加器的位数与 x_e 和 y_e 寄存器的位数应相同，其位长取决于最大加工尺寸和精度。

数字积分插补器可以用硬件实现，也可以用软件实现。在硬件实现的数字积分器中，对于直线插补来说，x 和 y 两个坐标方向除有各自的累加器 $\sum x_e$ 和 $\sum y_e$、被积函数寄存器 J_{VX} 和 J_{VY}，还有各自的积分累加器(也称余数寄存器) J_{RX} 和 J_{RY}，用以寄存每次累加溢出后的余数。图 1.19 所示是以这种方式构成的 DDA 直线插补器结构图。

当用软件来实现数字积分法直线插补时，只要在内存中设定几个单元，分别用于存放 x_e、y_e，累加值 $\sum x_e$ 和累加值 $\sum y_e$。将 $\sum x_e$ 和 $\sum y_e$ 赋一初始值，在每次插补循环过程中，进行以下求和运算，即

$$\sum x_e + x_e \to \sum x_e$$
$$\sum y_e + y_e \to \sum y_e$$

用运算结果的溢出脉冲 Δx 和 Δy 来控制机床进给，即可加工出所需的直线轨迹。数字积分法插补第一象限直线的程序流程图如图 1.20 所示。

【例 1.4】 对第一象限的直线 OA 进行 DDA 直线插补，各点的坐标分别是 $O(0,0)$，$A(8,6)$。写出插补计算过程，并画出插补轨迹图。

解：$x_e=8$，$y_e=6$，采用 4 位寄存器，取 $N=4$。累加次数 $n=2^4=16$。

DDA 直线插补计算过程如表 1-6 所示，DDA 直线插补轨迹如图 1.21 所示。

表 1-6　DDA 直线插补过程

累加次数	x 积分器			y 积分器			终点计数器 J_E	备注
	$J_{VX}(x_e)$	J_{RX}	溢出 Δx	$J_{VY}(y_e)$	J_{RY}	溢出 Δy		
0	1000	0000		0110	0000		0000	初始状态
1	1000	1000		0110	0110		0001	第一次迭代
2	1000	0000	1	0110	1100		0010	Δx 溢出脉冲
3	1000	1000		0110	0010	1	0011	Δy 溢出脉冲
4	1000	0000	1	0110	1000		0100	Δx 溢出
5	1000	1000		0110	1110		0101	

续表

累加次数	x 积分器			y 积分器			终点计数器 J_E	备注
	$J_{VX}(x_e)$	J_{RX}	溢出 Δx	$J_{VY}(y_e)$	J_{RY}	溢出 Δy		
6	1000	0000	1	0110	0100	1	0110	Δx、Δy 溢出
7	1000	1000		0110	1010		0111	
8	1000	0000	1	0110	0000	1	1000	Δx、Δy 溢出
9	1000	1000		0110	0110		1001	
10	1000	0000	1	0110	1100		1010	Δx 溢出
11	1000	1000		0110	0010	1	1011	Δy 溢出
12	1000	0000	1	0110	1000		1100	Δx 溢出
13	1000	1000		0110	1110		1101	
14	1000	0000	1	0110	0100	1	1110	Δx、Δy 溢出
15	1000	1000		0110	1010		1111	
16	1000	0000	1	0110	0000	1	0000	Δx、Δy 溢出 $J_E=0$，插补结束

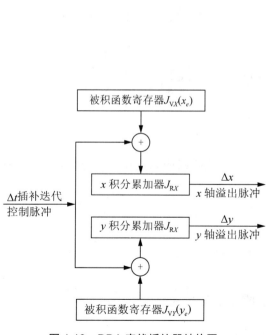

图 1.19　DDA 直线插补器结构图

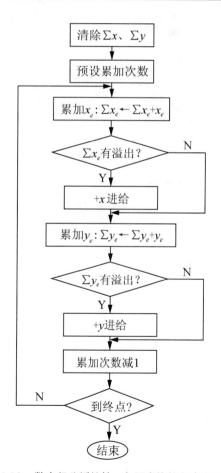

图 1.20　数字积分插补第一象限直线的程序流程图

2) 数字积分法圆弧插补(以下称 DDA 圆弧插补)

从上面的推导可知，DDA 直线插补的物理意义是使动点沿速度矢量的方向前进，这种方法同样适用于 DDA 圆弧插补。

对于第一象限逆时针圆弧的插补，如图 1.22 所示，设刀具沿圆弧 AB 移动，圆弧的圆心在原点，起点 A 的坐标为(x_0, y_0)，终点 B 的坐标为(x_e, y_e)，半径为 R，动点 $P(x_i, y_i)$在圆弧上，则有

$$x_i^2 + y_i^2 = R^2$$

对时间 t 求导得

$$\frac{\mathrm{d}y_i / \mathrm{d}t}{\mathrm{d}x_i / \mathrm{d}t} = -\frac{x_i}{y_i} \tag{1-15}$$

式中，　$\mathrm{d}x_i / \mathrm{d}t = v_x$ 为动点在 x 方向的分速度；

$\mathrm{d}y_i / \mathrm{d}t = v_y$ 为动点在 y 方向的分速度。

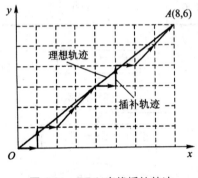

图 1.21　DDA 直线插补轨迹

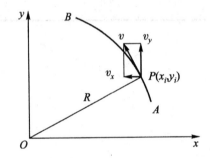

图 1.22　DDA 圆弧插补原理

写成参数方程

$$\begin{cases} \dfrac{\mathrm{d}x_i}{\mathrm{d}t} = -ky_i \\[2mm] \dfrac{\mathrm{d}y_i}{\mathrm{d}t} = -kx_i \end{cases} \tag{1-16}$$

式中，k 为比例系数。

对式(1-16)求 A 点到 B 点区间的定积分，t_0 和 t_n 分别为对应起点和终点的时间，其积分值为 A 点到 B 点的坐标增量，即

$$\begin{cases} x_e - x_0 = -\displaystyle\int_{t_0}^{t_n} ky_i \mathrm{d}t \\[2mm] y_e - y_0 = -\displaystyle\int_{t_0}^{t_n} kx_i \mathrm{d}t \end{cases}$$

用累加和代替积分得

$$\begin{cases} x_e - x_0 = -\displaystyle\int_{t_0}^{t_n} ky_i \Delta t \\[2mm] y_e - y_0 = -\displaystyle\int_{t_0}^{t_n} kx_i \Delta t \end{cases}$$

取时间 $\Delta t = 1$，即 Δt 为一个脉冲时间间隔，则

$$
\begin{cases}
x_e - x_0 = -\int_{t_0}^{t_n} k y_i \\
y_e - y_0 = -\int_{t_0}^{t_n} k x_i
\end{cases}
\tag{1-17}
$$

可见，与 DDA 直线插补类似，DDA 圆弧插补也可由数字积分器来实现，如图 1.23 所示。与 DDA 直线插补不同的是：

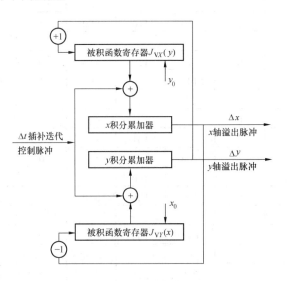

图 1.23 DDA 圆弧插补器结构

(1) DDA 圆弧插补开始时，x 坐标被积函数寄存器存入的是 y 坐标的初值，y 坐标被积函数寄存器存入的是 x 坐标的初值。

(2) DDA 直线插补时，被积函数寄存器的数值为常数 kx_e 和 ky_e；而在 DDA 圆弧插补时，被积函数寄存器的数值 kx_i 和 ky_i 是动点的坐标值，是变量。

(3) 在 DDA 圆弧插补过程中，y 坐标方向发出脉冲时，x 坐标方向被积函数寄存器内容加 "1"；x 坐标方向发出脉冲时，y 坐标方向被积函数寄存器内容减 "1"。

(4) 每当 J_{RX}、J_{RY} 有溢出时，需要及时修正 J_{RX} 和 J_{RY} 的 x、y 值，因此被积函数寄存器中存放的是坐标的瞬时值。

【例 1.5】 插补第一象限圆弧 AB，圆弧起点为 $A(6，0)$，终点为 $B(0，6)$，试写出用 DDA 圆弧插补方法的计算过程，并画出插补轨迹。

解： 因为 $x_A = 6$，$y_A = 0$，$x_B = 0$，$y_B = 6$，所以用 3 位寄存器即可，即 $n = 3$。

计算过程如表 1-7 和图 1.24 所示。

表 1-7 DDA 圆弧插补过程

累加次数	x 积分器			x 终点寄存器	y 积分器			y 终点寄存器	备注
	J_{VX} (y_i)	J_{RX} ($\sum y_i$)	Δx		J_{VY} (x_i)	J_{RY} ($\sum x_i$)	Δy		
0	000	000	0	110	110	000	0	110	初始状态
1	000	000	0	110	110	110	0	110	第一次迭代
2	000	000	0	110	110	100	1	101	产生 Δy
	001								修正 y_i

续表

累加次数	x积分器			x终点寄存器	y积分器			y终点寄存器	备注
	J_{VX} (y_i)	J_{RX} ($\sum y_i$)	Δx		J_{VY} (x_i)	J_{RY} ($\sum x_i$)	Δy		
3	001	001	0	110	110	010	1	100	产生Δy 修正y_i
	010								
4	010	011	0	110	110	000	1	011	产生Δy 修正y_i
	011								
5	011	110	0	110	110	110	0	011	
6	011	001	1	101	110	100	1	010	产生Δx、Δy 修正x_i、y_i
	100				101				
7	100	101	0	101	101	001	1	001	产生Δy 修正y_i
	101				101				
8	101	010	1	100	101	110	0	001	产生Δx 修正x_i
	101				100				
9	101	111	0	100	100	010	1	000	产生Δy y到终点
	110								
10	110	101	1	011	100	010	0	000	产生Δx 修正x_i
	110				011				
11	110	011	1	010	011	010	0	000	产生Δx 修正x_i
	110				010				
12	110	001	1	001	010	010	0	000	产生Δx 修正x_i
	110				001				
13	110	111	0	001	001	010	0	000	
14	110	101	1	000	001	010	0	000	产生Δx,x到终点,插补结束
					000				

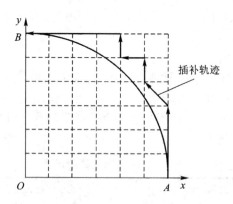

图 1.24　DDA 圆弧插补轨迹

其他象限 DDA 圆弧插补与第一象限的逆时针 DDA 圆弧插补基本相似。可有两点不同：

(1) 刀具进给方向不同。

(2) J_{RX}、J_{RY} 有溢出时，被积函数的修正符号不同。

表 1-8 为 x、y 坐标方向有位移时被积函数的修正符号表。

表 1-8 中，NR1 表示第一象限逆时针圆弧插补；SR1 表示第一象限顺时针圆弧插补；"+"表示被积函数加 1；"–"表示被积函数减 1；"$+\Delta x$"表示沿 x 的正向进给；"$-\Delta x$"表示沿 x 的负向进给；依此类推。

表 1-8　进给方向与修正符号的关系表

插补方式 方向和符号	NR1	NR2	NR3	NR4	SR1	SR2	SR3	SR4
x 进给方向	$-\Delta x$	$-\Delta x$	$+\Delta x$	$+\Delta x$	$+\Delta x$	$+\Delta x$	$-\Delta x$	$-\Delta x$
y 进给方向	$+\Delta y$	$-\Delta y$	$-\Delta y$	$+\Delta y$	$-\Delta y$	$+\Delta y$	$+\Delta y$	$-\Delta y$
J_{Vx} 的修正符号	–	+	–	+	+	–	+	–
J_{Vy} 的修正符号	+	–	+	–	–	+	–	+

1.4　数控机床发展概况

1.4.1　工业化国家数控机床的发展概况

数控机床的研制最早是从美国开始的。1952 年帕森斯公司和麻省理工学院合作研制成功了世界第一台三坐标数控铣床，它用来加工直升机叶片轮廓检查用样板。这是一台采用专用计算机进行运算与控制和直线插补与轮廓控制的数控铣床，专用计算机使用电子管元件，经过 3 年的改进与自动编程研究，1955 年进入实用阶段，在复杂曲面的加工中发挥了重要作用。但由于技术上和价格上的原因，只局限在航空工业中应用。

随着电子技术的不断发展，数控系统也不断地更新换代。由使用电子管过渡到晶体管、印制电路及小规模集成电路，数控系统的可靠性得到了进一步提高。但上述专用计算机都是采用硬接线数控系统，使用局限性大，属一般数控系统，即所谓的 NC。

20 世纪 70 年代初，计算机技术的发展使得用小型计算机代替专用计算机在经济上成为可能。数控的许多功能可以用编制的专用程序来实现，而这些专用程序可以存储在小型计算机的存储器中，这就是所谓的软接线数控，即计算机控制系统 CNC。微处理器的诞生使得 CNC 系统的控制功能大部分由软件技术来实现，其可靠性进一步提高，功能更加完善，性能价格比大为提高，使数控机床产生了一个大的飞跃。

进入 20 世纪 80 年代，数控机床进一步发展。近年来具有代表性的数控系统如下：

1. 计算机直接控制系统

计算机直接控制系统又称群控，其特点是：使用计算机对生产过程加强管理，使程序的编制、生产的准备与计划安排等工作和机床工作协调一致，以提高各个数控机床的使用效率。

2. 自适应控制机床

一般数控机床是按预先编好的程序进行加工的，但在编程时，实际上有许多参数只能参照过去的经验数据来决定，不可能准确地考虑到它们的一切变化，如毛坯的不均匀、刀具与零件材质的变化、刀具的磨损、零件的变形、热传导性的差别等，这些变化直接或间接地影响着加工质量，使加工不能在最佳状态下进行。如果控制系统能对实际加工中的各种加工状态的参数及时地测量并反馈给机床进行修正，则可使切削过程随时都处在最佳状态。所谓最佳状态，指的是最高生产率、最低加工成本、最好的加工质量等。由于 CNC 系统自身带有计算机，只要加上相应的检测元件、控制线路和有关软件就可以制造出这种自适应控制机床。

3. 柔性制造系统

柔性制造系统是在柔性制造单元(flexible manufacturing cell, FMC)基础上研制和发展起来的。柔性制造单元是一种在人的参与减到最少时，能连续地对同一组零件内不同的零件进行自动化加工(包括零件在单元内部的运输和交换)的最小单元。它既可以作为独立使用的加工设备，又可以作为更大更复杂的柔性制造系统或柔性自动线的基本组成模块。柔性制造系统是由加工系统(由一组数控机床和其他自动化工艺设备，如清洗机、成品试验机、喷漆机等组成)、智能机器人、全自动输送系统及自动化仓库组成(见图 1.25)。这种系统可按任意顺序加工一组不同工序与不同加工节拍的零件，工艺流程可随零件不同而调整，全部生产过程由一台中央计算机进行生产程序的调度，若干台计算机进行工位控制。其中各个制造单元相对独立，能适时地平衡资源的利用。

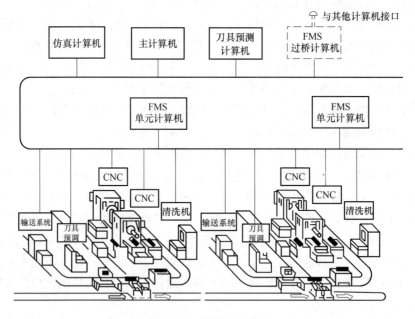

图 1.25　柔性制造系统

4. 计算机集成生产系统

为实现整个生产过程自动化，人们正着手研制包括计划设计、工艺、加工、装配、检验、销售等全过程都由计算机控制的集成生产系统。它具有计算机控制的自动化信息流和物质流，对产品的构思和设计直到最终装配、检验这一全过程进行控制，以实现工厂自动化这一伟大的目标。

1.4.2　我国数控机床的发展概况

我国数控机床的研制始于 1958 年，由清华大学研制出了最早的样机。1966 年诞生了第一台用于直线-圆弧插补的晶体管数控系统。1970 年北京第一机床厂的 XK5040 型数控升降台铣床作为商品，小批量生产并推向市场。但由于相关工业基础差，尤其是数控系统的支撑工业——电子工业薄弱，致使在 1970～1976 年间开发出的加工中心、数控镗床、数控磨床及数控钻床因系统不过关，多数机床没有在生产中发挥作用。

20 世纪 80 年代前期，在引入了日本 FANUC 数控技术后，我国的数控机床才真正进入小批量生产的商品化时代。

目前我国已经有自主版权的数控系统，但绝大多数全功能数控机床还是采用国外的 CNC 系统。从机床的整体来看，无论是可靠性、精度、生产效率和自动化程度，与国外相比，还存在着不小的差距。

1.4.3　数控机床的发展趋势

未来数控机床的发展趋势主要表现在以下 3 个方面：

1. 数控技术水平

高精度：定位精度微米级、纳米级；
高速度：主轴转速 10000r/min、快速进给 100m/min、换刀时间 2～3s；
高柔性：多主轴、多工位、多刀库；
多功能：立卧并用、复合加工；
高自动化：自动上下料、自动监控、自动测量、自动通信。

对单台主机不仅要求提高其柔性和自动化程度，还要求其具有进入更高层次的柔性制造系统和计算机集成制造系统的适应能力。

2. 数控系统方面

目前世界上几个著名的数控装置生产厂家，如日本的 FANUC、德国的 SIEMENS 和美国的 AB 公司产品都在向系列化、模块化、高性能和成套性方向发展。它们的数控系统都采用了 16 位、32 位甚至 64 位微处理器、标准总线及软件模块和硬件模块结构，内存容量扩大到了数十兆字节以上，机床分辨率可达 0.1μm，快速进给可达 100m/min 以上，一般控制轴数在 3～15 个，最多可达 24 个，并采用先进的电装工艺。

3. 驱动系统方面

交流驱动系统发展迅速，交流传动系统已由模拟式向数字式方向发展，以运算放大器等模拟器件为主的控制器正在被以微处理器为主的数字集成元件所取代，从而克服了零点漂移、温度漂移等弱点。

思考与练习

1. 数控机床由哪几部分组成？
2. 数控机床有哪些类型？
3. 数控机床加工有哪些特点？
4. 什么是点位控制及轮廓控制？所用的数控机床有何不同？
5. 什么是开环控制系统、闭环控制系统和半闭环控制系统？它们各有何特点？
6. 若 $F_i < 0$ 时，请导出 DDA 直线插补时新加工点偏差的通式。
7. 试述数控机床加工的基本工作原理。

第2章 数控编程中的数值计算

教学提示：根据零件图给出的形状、尺寸和公差等直接用数学方法(如三角函数计算法、解析几何法等)计算出编程时所需要的有关点的坐标值，或用插补线段逼近实际轮廓曲线(允许存在一定误差)计算出的坐标值。数值计算主要用于手工编程时的轮廓加工。

教学要求：了解程序编制中的基点和节点，了解程序编制中的误差，了解非圆曲线的直线逼近方法、圆弧逼近方法及其计算。

数控机床的控制系统主要进行的是位置控制，即控制刀具的切削位置。数控编程的主要工作就是把加工过程中刀具移动的位置按一定的顺序和方式编写成程序单，输入机床的控制系统来操纵加工过程。刀具移动位置是根据零件图样，按照已经确定的加工路线和允许的加工误差(即容差：用插补线段逼近实际轮廓曲线时允许存在的误差)计算出来的。这一工作称为数控加工编程中的数值计算。数值计算主要用于手工编程时的轮廓加工。

数控加工编程中的数值计算主要包括：零件轮廓中几何元素的基点、插补线段的节点、刀具中心位置及辅助计算等内容。

1. 基点

基点就是构成零件轮廓的各相邻几何元素之间的交点或切点。如两直线的交点、直线与圆弧的交点或切点、圆弧与二次曲线的交点或切点等，均属基点。一般来说，基点的坐标根据图样给定的尺寸，利用一般的解析几何或三角函数关系不难求得。

2. 节点

节点是在满足容差要求条件下用若干插补线段(如直线段或圆弧段)去逼近实际轮廓曲线时，相邻两插补线段的交点。节点的计算比较复杂，方法也很多，是手工编程的难点。有条件时，应尽可能借助于计算机来完成，以减少计算误差并减轻编程人员的工作量。

一般称基点和节点为切削点，即刀具切削部位必须切到的点。

3. 刀具中心位置

刀具中心位置是刀具相对于每个切削点刀具中心所处的位置。因为刀具都有一定的半径，要使刀具的切削部位切过轮廓的基点和节点，必须对刀具进行一定的偏置。对于没有刀具偏置功能的数控系统，应计算出相对于基点和节点的刀具中心位置轨迹。

4. 辅助计算

辅助计算包括以下内容：

(1) 增量计算。对于增量坐标的数控系统，应计算出后一节点相对前一节点的增量值。

(2) 脉冲数计算。通常数值计算是以 mm 为单位进行的，而数控系统若要求输入脉冲数，应将计算数值换算为脉冲数。

(3) 辅助程序段的数值计算。对刀点到切入点的程序段，以及切削完毕后返回到对刀点的程序均属辅助程序段。在填写程序单之前，辅助程序段的数据也应预先确定。

2.1　平面轮廓切削点的计算

2.1.1　基点的计算

零件轮廓如图 2.1 所示，其中 A、B、C、D、E、F 为基点，A、B、C、D 可直接由图中所设零件坐标系中得知，而 E 点是直线 DE 与 EF 的交点，F 是直线 EF 与圆弧 AF 的切点。分析可知，OF 与 x 轴的夹角为 30°，EF 与 x 轴夹角为 120°，则

$$F_x = 20\cos30° \text{mm} = 17.321\text{mm}$$

$$F_y = 20\sin30° \text{mm} = 10\text{mm}$$

$$E_y = 30\text{mm}$$
$$E_x = F_x - (E_y - F_y)/\tan60° = 5.774\text{mm}$$

2.1.2　节点的计算

大多数铣床或加工中心都具有直线及圆弧插补功能，因此在加工由直线、圆弧组成的平面轮廓时，只需进行各基点的数值计算，不涉及节点计算问题。但若零件轮廓不是直线和圆弧组合而成，则要用直线段或圆弧段去逼近轮廓曲线，故要进行相应的节点计算。

节点计算的方法很多，一般可根据轮廓曲线的特性、数控系统的插补功能及加工要求的精度而定。一般有 3 种方法，即切线逼近法、割线逼近法和弦线逼近法等。

1. 直线插补圆弧的节点计算

在只有直线插补功能的数控系统中，加工圆弧要靠直线插补来实现。直线插补圆弧是用直线作弦或切线去逼近圆弧。如图 2.2 所示，一圆弧 AB 的半径为 R，起始角为 α，终止角为 β，圆心位于 (x_0, y_0)，若插补容差为 δ，则插补节点的计算步骤如下：

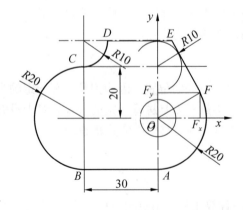

图 2.1　轮廓基点计算

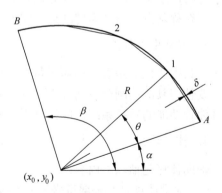

图 2.2　圆弧直线插补节点计算

(1) 求插补线段所对应的圆心角 θ：

$$\theta = 2\arccos[(R-\delta)/R]$$

(2) 求插补节点数：

$$n \leqslant |\beta-\alpha|/\theta$$

n 取 $|\beta-\alpha|/\theta$ 截去小数部分的整数值。

(3) 求插补节点坐标：

$$\begin{cases} x_i = x_0 + R\cos(\alpha \pm i\theta) \\ y_i = y_0 + R\sin(\alpha \pm i\theta) \end{cases}$$

式中，$i=1，2，\cdots，n$，沿逆时针方向插补圆弧时取 "+" 号，沿顺时针方向插补圆弧时取 "–" 号。

2. 等步长插补法

等步长是指插补的直线段长度相等，而插补误差则不一定相同。计算插补节点时，必须使产生的最大插补误差 δ_{max} 小于或等于容许的插补误差 δ，以满足加工精度的要求。图 2.3 所示为一段轮廓曲线。设曲线方程为 $y=f(x)$，则等步长插补节点的计算步骤为：

1) 求曲线段的最小曲率半径 R_{min}

最大插补误差 δ_{max} 必在最小曲率半径 R_{min} 处产生，已知曲线曲率半径为

$$R = [1+(y')^2]^{3/2}/|y''| \tag{2-1}$$

欲求最小曲率半径，应将式(2-1)对 x 求一阶导数，即

$$dR/dx = \left\{3(y'')^2 y'[1+(y')^2]^{1/2} - [1+(y')^2]^{3/2} \cdot y'''\right\}/(y'')^2$$

令　　　　　$dR/dx = 0$，得 $3(y'')^2 y' - [1+(y')^2]y''' = 0$ $\tag{2-2}$

由此可求出最小曲率半径处的 x 值。将此值代入式(2-1)，可得 R_{min}，如图 2.3 所示。

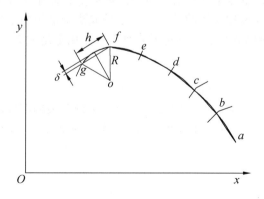

图 2.3　等步长插补节点计算

2) 插补步长 h

在三角形 $\triangle ofg$ 中，有

$$(h/2)^2 = R^2 - (R-\delta_{max})^2$$

取 $\delta_{max} = \delta$（一般取零件公差的 $1/5 \sim 1/10$），$R = R_{min}$，则插补步长 h 为

$$h \approx \sqrt{8R_{min}\delta} \tag{2-3}$$

3) 求插补节点

步长 h 确定之后，以曲线的起点 $a(x_0,y_0)$ 为圆心，步长 h 为半径作圆，该圆与曲线的交点 b，即为第一个插补节点，联立方程

$$\begin{cases} y=f(x) \\ (x-x_0)^2+(y-y_0)^2=8R_{\min}\delta \end{cases} \tag{2-4}$$

的解 (x_1,y_1)，即为 b 的坐标。再以 b 点为圆心，重复求插补节点步骤，即可求得下一插补节点。依此类推，可求得 $y=f(x)$ 的全部插补节点。

【例 2.1】 一轮廓曲线方程为 $x^2=4ay$，起点为 $(0，0)$。求其全部插补节点。

解：由题得
$$y'=x/2a$$
$$y''=1/2a$$
$$y'''=0$$

代入式(2-2)得
$$3(y'')^2y'-[1+(y')^2]y'''=0，$$

再将所的结果 $x=0$ 代入式(2-1)得
$$R=[1+(y')^2]^{3/2}/|y''|$$

可得
$$R_{\min}=2a$$

将 $R_{\min}$ 代入式(2-3)，得
$$h\approx\sqrt{16a\delta}$$

最后由式(2-4)解联立方程
$$\begin{cases} x^2=4ay \\ x^2+y^2=16a\delta \end{cases}$$

即可得第一个插补节点，重复求插补节点步骤，可求得其余插补节点。

等步长插补法，计算过程比较简单，但因步长取决于最小曲率半径，致使曲率半径较大处的节点过多过密，所以等步长法只对于曲率半径变化不是太大的的曲线加工较为有利。

3. 等误差插补法

等误差法可使各插补直线段的插补误差小于或等于容许的插补误差，其插补线段可长可短。该插补法适用于轮廓曲率变化比较大、形状比较复杂的零件，是插补线段最少的方法。如图 2.4 所示，设轮廓曲线方程为 $y=f(x)$，插补容差为 δ，则等误差法插补节点的计算步骤为

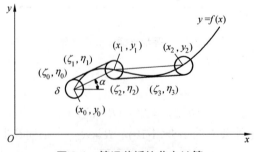

图 2.4　等误差插补节点计算

(1) 以曲线起点 (x_0, y_0) 为圆心，δ 为半径作圆，圆方程为

$$(x - x_0)^2 + (y - y_0)^2 = \delta^2$$

(2) 作该圆与轮廓曲线 $y = f(x)$ 的公切线，得到两切点 (ξ_0, η_0)，(ξ_1, η_1)，满足下列联立方程：

对曲线

$$\begin{cases} f'(\xi_1) = (\eta_1 - \eta_0)/(\xi_1 - \xi_0) \\ f(\xi_1) = \eta_1 \end{cases}$$

对圆

$$\begin{cases} F'(\xi_0) = (\eta_1 - \eta_0)/(\xi_1 - \xi_0) \\ F(\xi_0) = \eta_0 \end{cases}$$

式中，$y = F(x)$ 表示圆方程。由此可求得公切线得斜率 k，即

$$k = (\eta_1 - \eta_0)/(\xi_1 - \xi_0)$$

(3) 过 (x_0, y_0) 点作公切线的平行线

$$y - y_0 = k(x - x_0)$$

(4) 将平行线方程与轮廓曲线方程联立，可求得第一个节点坐标 (x_1, y_1)，即

$$\begin{cases} y = f(x) \\ y - y_0 = k(x - x_0) \end{cases}$$

依此类推，再以 (x_1, y_1) 点为圆心重复上述步骤，可求其余插补节点。

4. 圆弧插补法

用圆弧段逼近轮廓曲线是一种精度较高的插补方法。用这种方法插补轮廓曲线时，需计算出各插补圆弧段半径、圆心及圆弧段的起点和终点(即轮廓曲线上的插补节点)。如图 2.5 所示，设轮廓曲线方程为 $y = f(x)$，插补容差为 δ，圆弧插补节点的计算步骤如下：

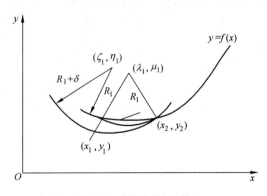

图 2.5　圆弧插补计算

(1) 求曲线起点 (x_1, y_1) 处的曲率半径 R_1 得

$$R_1 = [1 + (y')^2]^{3/2} / |y''|$$

(2) 求 (x_1, y_1) 处的曲率圆的圆心坐标 (ξ_1, η_1) 得

$$\xi_1 = x_1 - y'[1 + (y')^2] / y''$$

$$\eta_1 = y_1 + [1 + (y')^2]/y''$$

(3) 以 (ξ_1, η_1) 为圆心，$R_1 \pm \delta$ 为半径的圆弧与曲线 $y = f(x)$ 交点 (x_2, y_2)，即插补节点。解联立方程

$$\begin{cases} y = f(x) \\ (x - \xi_1)^2 + (y - \eta_1)^2 = (R_1 \pm \delta)^2 \end{cases}$$

式中，当轮廓曲线的曲率递减时，取 $R_1 \pm \delta$ 为半径；当轮廓曲线的曲率递增时，取 $R_1 - \delta$ 为半径。解上述联立方程得到的 (x, y)，即为圆弧与曲线的交点 (x_2, y_2)。曲线 $y = f(x)$ 在 (x_1, y_1) 和 (x_2, y_2) 两节点间的线段是以此为起点、终点的圆弧替代的。

(4) 求插补圆弧的圆心 (λ_1, μ_1)。插补圆弧的圆心是这样求得的：分别以 (x_1, y_1) 和 (x_2, y_2) 为圆心，以 R_1 为半径作两段相交的圆弧，两圆弧的交点即为所求的圆心。故须解下列联立方程

$$\begin{cases} (x_1 - \lambda_1)^2 + (y_1 - \mu_1)^2 = R_1^2 \\ (x_2 - \lambda_1)^2 + (y_2 - \mu_1)^2 = R_1^2 \end{cases}$$

求得的 (λ_1, μ_1) 即为插补圆弧段的圆心。

重复上述过程，再从 (x_2, y_2) 处开始，可求得曲线 $y = f(x)$ 在 (x_2, y_2) 处的曲率半径 R_2 和曲率圆圆心 (ξ_2, η_2) 及插补圆弧段的圆心 (λ_2, μ_2)。依此类推，可完成全部插补节点、插补圆弧半径及插补圆弧圆心的计算。

2.2　平面轮廓刀具中心位置的计算

机床数控系统在控制刀具进行切削加工时，是按刀具中心(立铣刀是指刀具端面的中心位置)在零件坐标系中的位置进行控制的。显然刀具中心不能落在切削点上，因为刀具都有一定的尺寸，要使刀具的切削表面始终相切地经过零件轮廓的切削点，必须对刀具进行一定的偏置。刀具偏置又称刀具半径补偿或刀具半径偏移。

具有刀具中心自动偏置功能的数控机床，可直接按零件轮廓切削点的位置进行编程，其刀具半径偏置由数控系统自动调用预先存储在刀具半径补偿地址中的数值来实现。但对于没有刀具自动偏置功能的数控系统，则需要计算出相对于切削点的刀具中心位置的坐标作为编程数据。在平面轮廓加工中，常用立铣刀，设刀具半径为 R，若切削点的坐标为 (x, y)，切削点的法矢为 $n(n_x, n_y)$，则相应与切削点的刀具中心位置为

$$\begin{cases} x_{\text{刀}} = x + R n_x \\ y_{\text{刀}} = y + R n_y \end{cases}$$

由此可见，刀具一经选定，只要求出各刀具切削位点的单位法矢，就可算出刀具中心的偏置位置，从而求得刀具中心轨迹。这里主要给出 3 种切削点单位法矢的计算方法。

2.2.1　直线段的单位法矢

设 ab 为平面轮廓上一直线段，起点为 $a(x_a, y_a)$，终点为 $b(x_b, y_b)$，该定向直线段的单位矢量为

$$\tau = \left\{\tau_x, \tau_y\right\} = \left\{x_b - x_a / L, y_b - y_a / L\right\}$$

式中，$L = \sqrt{(x_b - x_a)^2 + (y_b - y_a)^2}$ 为直线段的长度。

显然，直线上任一点处的单位矢量都是相同的。所以，直线 ab 上各点的单位法矢 n 也都是相同的。即

$$n = \left\{n_x, n_y\right\} = \left\{\mp\tau_y, \pm\tau_x\right\}$$

式中，正负号的选取规定如下：顺时针方向进给时，刀具始终位于零件轮廓的左侧(左偏置)或逆时针方向进给时，刀具始终位于零件轮廓的右侧(右偏置)取上方符号；顺时针方向进给时，刀具始终位于零件轮廓的右侧(右偏置)或逆时针方向进给时，刀具始终位于零件轮廓的左侧(左偏置)取下方符号。

2.2.2　圆弧段的单位法矢

设 P 为半径为 R、圆心为 C 的圆弧上任一切削点，圆弧在 P 点处的单位法矢即为圆心 C 到 P 有向连线的单位矢量，即

$$n = \left\{n_x, n_y\right\} = \left\{\pm\frac{x_p - x_c}{R}, \pm\frac{y_p - y_c}{R}\right\}$$

当刀具外偏置(刀具始终在圆弧的外侧)时，两分量均取上面正号；当刀具内偏置(刀具始终在圆弧内侧)时，两分量均取下面负号。

2.2.3　平面曲线上某切削点的单位法矢

设 P 为曲线 $f(x)$ 上的任一切削点，则在该点的斜率为

$$\tan\alpha = f'(x_p)$$

其单位切矢为

$$\tau = \left\{\tau_x, \tau_y\right\} = \left\{\cos\alpha, \sin\alpha\right\}$$

相应的单位法矢为

$$n = \left\{n_x, n_y\right\} = \left\{\mp\tau_y, \pm\tau_x\right\}$$

式中，正负号选取规则同前：顺时针方向进给时，刀具始终位于零件轮廓的左侧或逆时针方向进给时，刀具始终位于零件轮廓的右侧取上方符号；顺时针方向进给时，刀具始终位于零件轮廓的右侧或逆时针方向进给时，刀具始终位于零件轮廓的左侧取下方符号。

2.3　空间曲线曲面加工的数值计算

2.3.1　规则立体型面加工的数值计算

规则的三坐标立体型面是机械加工中经常遇到的零件型面。如在具有相互垂直移动的三坐标铣床上加工此类零件，可用"层切法"加工。此时，把立体型面看作由无数条平面曲线所叠成。根据表面粗糙度允许的范围，将立体型面分割成若干"层"，每层都是一条平面曲线，可采用平面曲线零件的轮廓切削点的计算方法计算每层的切削点的刀具轨迹。

图 2.6 所示为零件轮廓曲面，其母线是一条与 z 轴夹角为 θ 的直线，轨迹是一个椭圆。

以某一直线为母线，沿轨迹运动而形成的立体型面称为简单立体型面。加工这种立体型面一般采用球头铣刀。数值计算的目的是求出球头铣刀球心的运动轨迹。

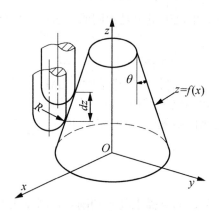

图 2.6　规则立体型面加工

如前所述，立体型面可看作有无数条平面曲线相叠形成，在 xOy 平面内的椭圆曲线方程为

$$x^2/a^2 + y^2/b^2 = 1$$

以一系列平行于 xOy，而相互距离为适当行距 dz 的平面，将上述型面分割为若干层，每层都是一个椭圆。一层加工完毕，铣刀在 z 轴方向移动一个 dz 的行距，再加工下一层。这样，立体型面加工就成了平面曲线轮廓的连续加工问题，其平面轮廓曲线上切削点的数值计算方法如前所述。

2.3.2　空间自由曲线曲面插补节点的数值计算

对于自由曲面零件，如涡轮及螺旋桨叶片、飞机机翼、汽车覆盖件的模具等，不管是通过计算机辅助设计或是通过实验手段测定，这种型面反应在图样上的数据是列表数据(或由各种截面曲线构成的自由曲面)。因此，对这类零件进行数控加工编程时，常常都是以三维坐标点 (x_i, y_i, z_i) 表示的。

当给出的列表点已密到不影响曲线精度的程度时，可直接在相邻列表点间用直线段或圆弧段逼近。但往往给出的只是很少稀疏点，为保证精度，就要增加新的节点。为此，处理列表曲线或曲面的一般方法是根据已知列表点导出拟合方程，再根据拟合方程通过细化参数求得新的插补节点。

自由曲线、曲面的拟合方法很多，有 Bezier 方法、B 样条方法、Coons 法、Fergusoon 法等，目前最常用的是非均匀有理 B 样条拟合法。非均匀有理 B 样条曲线的描述形式为

$$P(u) = \frac{\sum W_i P_i N_{i,k}(u)}{\sum W_i N_{i,k}(u)} \quad (0 \leqslant u \leqslant 1)$$

式中，u 为拟合曲线参数；

　　　$P(u)$ 为空间曲线上任一位置矢量；

　　　P_i 为拟合曲线的控制点($i = 0, \cdots, m$)；

　　　$N_{i,k}(u)$ 为 k 次 B 样条基函数；

　　　W_i 为相应控制点 P_i 的权因子。

其插补节点的算法为：

通过细化参数 u，把由 m 个控制点确定的空间曲线段分割成若干子曲线段，当各子曲线段所对应的弦的最大距离满足容差 δ 要求时，即可用直线段——弦代替子曲线段，细化的参数值 u 所对应的分割点即为所求的节点。

例如，构成空间曲线的 m 个控制点若是均匀分部的，根据容差要求，u 可取值为(0, 0.2,0.4,0.6,0.8,1)或(0, 0.1, 0.2, 0.3, 0.4, 0.5, 0.6, 0.7, 0.8, 0.9, 1)分别代入上式，即可求出空间曲线上的切削点。

同样，若非均匀有理 B 样条曲面是由$(m+1) \times (n+1)$个空间点阵拟合而成的，其描述形式为

$$S(u, \ v)=S(u,v)=\frac{\sum \sum W_{ij}P_{ij}N_{i,k}(u)N_{j,k}(v)}{\sum \sum W_{ij}N_{i,k}(u)N_{j,k}(v)} \quad (0 \leqslant u, \ v \leqslant 1)$$

式中，u，v 为拟合曲面参数；

　　　P_{ij} 为矩形域上特征网格控制点阵；

　　　W_{ij} 为相应控制点的权因子；

　　　$N_{i,k}(u)$、$N_{j,k}(v)$ 为 k 阶的 B 样条基函数；

　　　$S(u, v)$ 为曲面上任一点的位置矢量。

其插补节点的计算方法与自由曲线的处理方法类似：细化两个方向参数 u 和 v，把曲面分割成子曲面片集，细化的程度由用子平面片代替曲面片能满足容差要求而定，然后再把细化好的子曲面片分割成两个三角形，各三角形的形心即为所求的插补节点，自由曲面加工的刀位轨迹就是将这些小三角形的形心顺序连起来形成的，如图 2.7 所示。

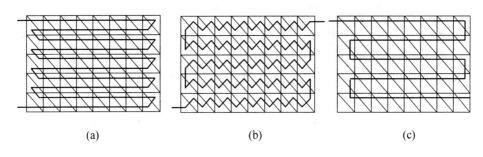

|(a)|(b)|(c)|

图 2.7　曲面刀具轨迹生成方式

这种处理方法的优点是，不管曲面多么复杂，都可以用单一的算法生成刀具轨迹。从图 2.7 中可以看出，图 2.7(a)、(b)中的刀具轨迹均不理想，前者进给行距不均匀，切削量忽大忽小，加工质量不高；后者在切削过程中不断改变切削方向，这将对机床不利。由于细化参数的方法是一种逼近法，因此，只要满足加工容差要求，在细化的小三角形平面中可以有选择地使用。如图 2.7(c)所示，只取同一四边形内两个三角形之一的形心作为插补节点，就可以解决切削行距不均和沿折线进给的问题。自由曲线和自由曲面插补节点的计算量是手工难以承受的，最好能借助于计算机完成。

2.3.3　三维加工中刀具中心位置的计算

不论是规则立体型面的加工或是空间自由曲线或曲面的加工，都存在着刀具中心的偏置问题。三维型面加工常用的刀具有球头刀或平头圆角刀(见图 2.8)。平头圆角刀的刀具半径为 R，圆角半径为 r，球头刀的圆角半径 $r = R$。若球头刀和平头圆角刀的刀具中心均指的是刀具端部的中心，对于切削加工时刀具主轴始终平行于 z 轴的数控机床，其刀具中心的偏置方法可遵循下列规则：

图 2.8　三维加工中刀具的偏置

(1) 先使刀具中心沿切削点处法线方向偏移 r 距离；

(2) 再沿与刀轴垂直的方向平移 $R–r$ 距离；

(3) 最后使刀具中心沿刀轴方向下移 r 距离。

若点 P 是某一空间曲线或曲面上的切削点，其坐标为 (x_p, y_p, z_p) 曲线或曲面在该点处的单位法矢为

$$n = \{n_x, \ n_y, \ n_z\}$$

式中，n_x, n_y, n_z 为单位法矢在零件坐标系三坐标轴上的分量。

根据上述 3 条规则，与切削点相对应的刀具中心位置为

$$\begin{cases} x_刀 = x_p + rn_x + (R-r)n_x = x_p + Rn_x \\ y_刀 = y_p + rn_y + (R-r)n_y = y_p + Rn_y \\ z_刀 = z_p + rn_z - r \end{cases}$$

空间曲面上某切削点单位法矢的求法，视曲面描述方程的形式而异。若曲面的描述方程为 $F(x,y,z)=0$，则曲面上切削点 (x_0, y_0, z_0) 处的法线方程为

$$(x - x_0)/F_x'(x_0, y_0, z_0) = (y - y_0)/F_y'(x_0, y_0, z_0) = (z - z_0)/F_z'(x_0, y_0, z_0)$$

式中，$F_x'(x_0, y_0, z_0)$、$F_y'(x_0, y_0, z_0)$、$F_z'(x_0, y_0, z_0)$ 为 $F(x,y,z)$ 在 (x_0, y_0, z_0) 处的偏导数，即曲面在该点法线的方向数。所以，曲面在该点的单位法矢为

$$n = \left\{ n_x, n_y, n_z \right\}$$
$$= \left\{ F_x'(x_0, y_0, z_0), F_y'(x_0, y_0, z_0), F_z'(x_0, y_0, z_0) \right\}/k$$

式中，$k = [F_x'^2(x_0, y_0, z_0) + F_y'^2(x_0, y_0, z_0) + F_z'^2(x_0, y_0, z_0)]^{1/2}$。

(4) 曲面为非均匀有理 B 样条曲面，曲面 $S(u, v)$ 上任一点 (u_0, y_0) 处的单位法矢可用下式求得

$$n = \left\{ n_x, n_y, n_z \right\} = S_u' \times S_v' / |S_u' \times S_v'|$$

式中，S_u' 为曲面相对于参数 u 的偏导矢；

S_v' 为曲面相对于参数 v 的偏导矢；

$|S_u' \times S_v'|$ 为矢量 $S_u' \times S_v'$ 的模；

$S_u' \times S_v'$ 为曲面在 $S(u_0，v_0)$ 处的法矢，且

$$S_u' \times S_v' = \begin{vmatrix} i & j & k \\ S_{ux}' & S_{uy}' & S_{uz}' \\ S_{vx}' & S_{vx}' & S_{vux}' \end{vmatrix}$$

思考与练习

1．数控编程的数值计算包括哪些内容？

2．什么是基点与节点？基点和节点有什么区别？

3．等步长法插补轮廓曲线，其插补节点的计算步骤是什么？试述其特点和适用范围。

4．等误差法插补轮廓曲线，其插补节点的计算步骤是什么？试述其特点和适用范围。

5．试述弦线插补圆弧段时插补节点的计算方法。

6．试述圆弧插补轮廓曲线时插补圆弧的计算方法。

7．为什么要计算刀具中心位置？

8．刀具在尖角过渡时应考虑什么问题？

9．平面轮廓加工时，立铣刀的偏置规则是什么？

10．空间型体加工时，球头刀和平头圆角刀的偏置规则是什么？

11．加工空间自由曲线、曲面时，插补节点的计算方法是什么？

12．在图 2.9 所示的零件坐标系中，试给出各零件轮廓各基点的坐标。

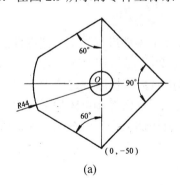

(a)

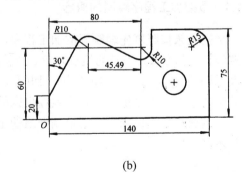

(b)

图 2.9　习题 12

13．一半径 $R=20\text{mm}$、圆心位于坐标原点的圆弧，起点坐标为(-10，17.32)，终点坐标为(12.856，15.32)，若用弦线插补该圆弧，当容差分别为 0.1mm、0.01mm、0.001mm 时，各需要计算多少插补节点？

14．如果用切线逼近圆弧，试导出切线段插补圆弧的节点计算公式。

15．用直径 $\phi 6\text{mm}$ 的立铣刀加工曲线 $y = 3x^2 + 4x - 8$，当刀具与曲线相切于点(1，-1)时，如果曲线一直在刀具的左侧，求此时刀具中心的位置。

第3章 数控编程基础

教学提示：数控编程是数控机床使用中很重要的一环,它对控制产品质量有着重要的作用。数控编程技术涉及制造工艺、计算机技术、数学、人工智能等多学科领域。手工编程广泛用于点位加工和形状简单的轮廓加工，自动编程可加工形状复杂或由空间曲面组成的零件。

教学要求：了解数控程序编制的基本概念和方法分类，熟悉数控加工程序的内容，掌握程序字与代码。了解数控机床的坐标系，熟悉零件坐标系及编程坐标系，掌握绝对坐标和相对坐标。了解程序字的含义，熟悉程序结构和格式，掌握常用准备功能字和辅助功能字含义。

3.1 概　　述

数控机床是一种高效的自动化加工设备，它严格按照加工程序，自动的对被加工零件进行加工。

数控系统的种类繁多，它们使用的数控程序语言规则和格式也不尽相同，本教程以 ISO 国际标准为主来介绍加工程序的编制方法。

3.1.1 数控加工程序编制的概念

数控机床按照事先编制好的加工程序，自动对被加工零件进行加工。把零件的加工工艺路线、工艺参数，刀具的运动轨迹、位移量、切削参数(主轴转速、进给量、切削深度等)以及辅助功能(换刀，主轴正反转，切削液开、关等)按照数控机床规定的指令代码及程序格式编写成加工程序单，输入到数控机床的数控装置中，从而控制机床加工零件。从零件图分析到获得数控机床所需的控制介质的全过程称为数控加工程序的编制，如下所示的程序样本。

```
O2000
N01 G91 G17 G00 X85 Y-25
N02 Z-15 S400 M03 M08
N03 G01 X85 F300
N04 G03 Y50 I25
N05 G01 X-75
N06 Y-60
N07 G00 Z15 M05 M09
N08 X75 Y35
N09 M30
```

3.1.2　数控加工程序的内容

加工程序可分为主程序和子程序，无论是主程序还是子程序，每一个程序都是由程序名、程序内容和程序结束 3 部分组成。程序的内容则由若干程序段组成，程序段是由若干程序字组成，每个程序字又由地址符和带符号或不带符号的数值组成，程序字是程序指令中的最小有效单位。

3.1.3　数控程序编制的步骤

数控编程是指从零件图样到获得数控加工程序的全部工作过程。其编程步骤为：分析零件图样和制定工艺方案、数值计算、编写零件加工程序、制作控制介质、程序检验与首件试切，如图 3.1 所示。

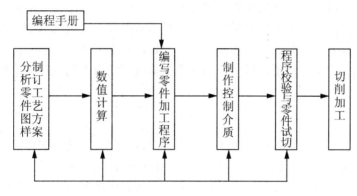

图 3.1　手工数控编程步骤

1. 分析零件图样和制订工艺方案

通过对零件材料、形状、尺寸、技术要求等进行分析，选择合适的数控机床，确定加工顺序、加工路线、装夹方式、刀具、切削用量等。

2. 数值计算

根据已确定的加工路线和加工误差，计算出数控机床所需输入数据。数值计算的复杂程度取决于零件的复杂程度和数控系统的功能。对于由直线和圆弧组成的简单轮廓，只需计算出几何元素的交点或切点、起点、终点和圆弧的圆心坐标等，这可由人工来完成。对于形状较复杂的零件，如非圆曲线等，就需要用直线段或圆弧段来逼近求节点(逼近线段与非圆曲线的交点)坐标，这需要借助计算机和专门软件来进行计算。

3. 编写零件加工程序

根据工艺过程、数值计算结果以及辅助操作要求，按照数控系统规定的程序指令及格式编写出加工程序。

4. 制作控制介质

制作控制介质就是将编写好的程序记录在控制介质上，并通过机床的输入装置，将控制介质上的数控加工程序输入到数控机床。

5. 程序检验与首件试切

为了保证零件加工的正确性，数控程序必须经过校验和试切才能用于正式加工。通常可以采用机床空运行和模拟加工的方法来检查加工程序，但这些方法不能检验被加工零件的精度。要检验被加工零件的加工精度，通常通过首件试切，若发现加工精度达不到要求，应分析其误差产生原因，采取措施加以纠正。

3.1.4　数控程序编制的方法

数控加工程序的编制方法主要有两种：手工编制程序和自动编制程序。

1. 手工编程

手工编程指主要由人工来完成数控编程中各个阶段的工作。分析零件图样、制定工艺路线、选用工艺参数、进行数值计算、编写加工程序单等都由人工来完成。

手工编程要求编程人员不仅熟悉所用数控机床数控指令及编程规则，而且还要具备一定的数控加工工艺知识和数值计算能力。一般而言，对于形状简单的零件，计算量小、程序短，用手工编程快捷、简便、经济。因而手工编程广泛用于点位加工或由直线与圆弧组成的平面轮廓。

2. 自动编程

自动编程是指在编程过程中，除了分析零件图样和制定工艺方案由人工进行外，其他数控加工程序均用计算机及相应编程软件(如 CAD/CAM 软件)编制的过程。自动编程主要有语言编程、图形交互式编程和语音编程等方法，图形交互式编程基于 CAD/CAM 软件。常见 CAD/CAM 软件有 MasterCAM、Pro/ENGINEER、UG、CAXA、Cimatron、SolidWorks 等。

自动编程时，编程人员只需根据零件图样及工艺要求，对加工过程与要求进行较简便的描述，而由编程系统自动计算出加工运动轨迹并输出零件数控加工程序。例如使用 CAD/CAM 软件自动编程时，先利用 CAD 功能模块进行造型，然后再利用 CAM 模块产生刀具路径，进而再利用后置处理程序产生数控加工程序，最后通过 DNC 传输软件将数控加工程序传给数控机床，实现边传边加工。自动编程与手工编程相比，具有编程时间短、编程人员劳动强度低、出错概率小、编程效率高等优点。因此，它适用于加工形状复杂或由空间曲面组成的零件的编程。

3.2　数控机床坐标系

在数控编程时，为了描述机床的运动，简化程序编制，数控机床的坐标系和运动方向均已标准化。

3.2.1　标准坐标系

1. 标准坐标系的确定原则

我国原机械工业部颁布了行业标准 JB/T 3051—1999《数控机床坐标和运动方向的命名》，其中规定的确定原则如下：

1) 机床相对运动的规定

机床的结构不同，有的机床是刀具运动，零件静止不动；有的机床是刀具不动，零件运动。无论机床采用什么形式，都假设零件静止，而刀具是运动的。这样编程人员在不考虑机床上零件与刀具具体运动的情况下，就可以依据零件图样，确定机床的加工过程。

2) 机床坐标系的规定

在数控机床上，机床的动作是由数控装置来控制的，为了确定数控机床上的成形运动和辅助运动，必须先确定机床上运动的位移和运动的方向，这就需要通过坐标系来实现，这个坐标系被称为机床坐标系。

标准机床坐标系中 X、Y、Z 坐标轴的相互关系用右手笛卡儿直角坐标系决定，如图 3.2 所示。A、B、C 三个旋转坐标如图 3.3 所示，用右手螺旋法则确定。

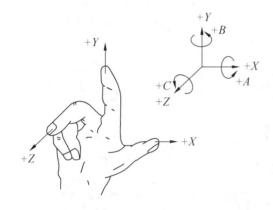

图 3.2 右手笛卡儿直角坐标系

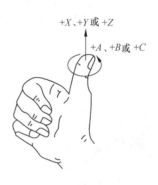

图 3.3 右手螺旋法则

3) 运动方向的规定

增大刀具与零件距离的方向即为各坐标轴的正方向，图 3.4 所示的数控车床上两个运动坐标轴。图 3.5 所示的数控铣床有 3 个运动坐标轴。

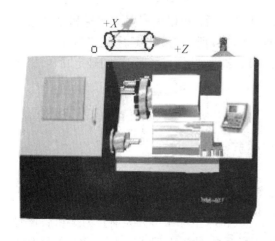

图 3.4 卧式车床的坐标系

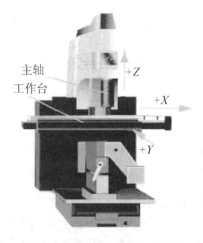

图 3.5 数控立式铣床的坐标系

2. 坐标轴方向的确定

先确定 Z 轴，再确定 X 轴，然后确定 Y 轴，最后确定回转轴 A、B、C。

1) 先确定 Z 坐标轴

Z 坐标的运动方向是由传递切削动力的主轴所决定的，即平行于主轴轴线的坐标轴即为 Z 坐标，Z 坐标的正向为刀具离开零件的方向。

2) 再确定 X 坐标轴

X 坐标平行于零件的装夹平面，一般在水平面内。确定 X 轴的方向时，要考虑两种情况：

(1) 如果零件做旋转运动，则刀具离开零件的方向为 X 坐标的正方向，如图 3.6(a)所示。

(2) 如果刀具做旋转运动，则分为两种情况：Z 坐标垂直时，观察者面对刀具主轴向立柱看时，$+X$ 运动方向指向右方，如图 3.6(b)所示；Z 坐标水平时，观察者沿刀具主轴向零件看时，$+X$ 运动方向指向右方，如图 3.6(c)所示。

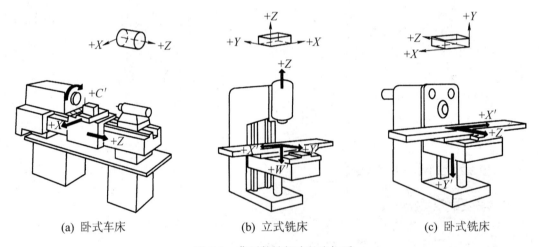

| (a) 卧式车床 | (b) 立式铣床 | (c) 卧式铣床 |

图 3.6   典型数控机床的坐标系

(3) 最后确定 Y 坐标轴。在确定 X、Z 坐标的正方向后，可以用根据 X 坐标和 Z 坐标的方向，按照右手直角坐标系来确定 Y 坐标的方向。图 3.4 所示为数控铣床的 Y 坐标。

(4) 确定回转轴 A、B、C。根据已确定的 X、Y、Z 轴，用右手螺旋法则确定回转轴 A、B、C 三轴坐标。

3.2.2   数控机床的两种坐标系

数控机床的坐标系包括机床坐标系和零件坐标系。

1. 机床坐标系、机床原点、机床参考点

1) 机床坐标系

通常数控车床中，根据刀架相对零件的位置，其机床坐标系可分为前置刀架和后置刀架两种形式，图 3.7(a)所示为普通数控车床的机床坐标系(前置刀架式)，图 3.7(b)所示为带卧式刀塔的数控车床的机床坐标系(后置刀架式)。前后置刀架式数控车床的机床坐标系，X 方向正好相反，而 Z 方向是相同的。

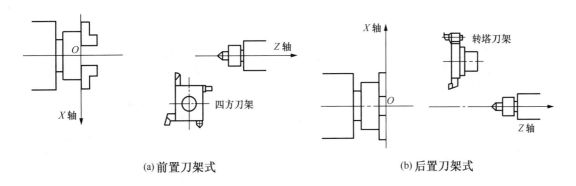

(a)前置刀架式　　　　(b)后置刀架式

图 3.7　数控车床的机床坐标系

2) 机床原点

机床坐标系的原点称为机床原点或机械原点，图 3.8、图 3.9 所示的 O 点就是机床坐标系的原点，它是机床上的一个固定的点，由制造厂家确定。机床坐标系是通过回参考点操作来确立的。

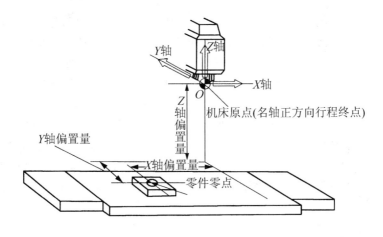

图 3.8　数控铣床的机床原点

3) 机床参考点

机床参考点是机床坐标系中的一个固定不变的位置点，是用于对机床运动进行检测和控制的点，大多数机床将刀具沿其坐标轴正向运动的极限点作为参考点，其位置用机械行程挡块来确定。参考点位置在机床出厂时已调整好，一般不作变动，必要时可通过设定参数或改变机床上各挡块的位置来调整。

数控铣床的机床坐标系原点一般都设在机床参考点上，如图 3.8 所示。数控铣床的机床原点参考点是用于对机床工作台(或滑板)与刀具相对运动的测量系统进行定位与控制的点，一般都是设定在各轴正向行程极限点的位置上。该位置是在每个轴上用挡块和限位开关精确地预先调整好的，它相对于机床原点的坐标是一个已知数，一个固定值。

数控车床的机床坐标原点一般位于卡盘端面与主轴中心线的交点处[见图 3.9(a)]或离卡盘有一定距离处[见图 3.9(b)]或机床参考点处[见图 3.9(c)]。

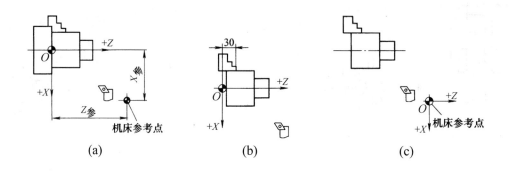

图 3.9　数控车床的坐标原点

4) 机床回参考点与机床坐标系的建立

数控系统通电时并不知道机床原点的位置，也就无法在机床工作时准确地建立坐标系。由于机床参考点对机床原点的坐标是一个已知定值，因此可以根据机床坐标系中的坐标值来间接确定机床原点的位置。当执行返回参考点的操作后，刀具(或工作台)退离到机床参考点，使装在 X、Y、Z 轴向滑板上的各个行程挡块分别压下对应的开关，向数控系统发出信号，系统记下此点位置，并在显示器上显示出位于此点的刀具中心在机床坐标系中的各坐标值，这表示在数控系统内部已自动建立起了机床坐标系，这样，通过确认参考点就确定了机床原点。因此，在数控机床启动时，通常要进行机动或手动回参考点操作。对于将机床原点设在参考点上的数控机床，参考点在机床坐标系中的各坐标值均为零，如图 3.9(c) 所示，因此参考点又称机床零点，由此通常把回参考点的操作称为"机械回零"。

回参考点除了用于建立机床坐标系外，还可用于消除漂移、变形等引起的误差，机床使用一段时间后，工作台会造成一些漂移，使加工有误差，进行回参考点操作，就可以使机床的工作台回到准确位置，消除误差。所以在机床加工前，也需进行回机床参考点的操作。

应该注意的是，当机床开机回参考点之后，无论刀具运动到哪一点，数控系统对其位置都是已知的。

2. 零件坐标系、程序原点

1) 零件坐标系

零件坐标系是编程人员为方便编程，在零件、工装夹具上或其他地方选原点所建立的编程坐标系。图 3.10(a)所示为数控铣床的零件坐标系，图 3.10(b)所示为数控车床的零件坐标系。编程员在零件坐标系内编程，编程时不必考虑零件在机床中的装夹位置，但零件装夹到机床上时应使零件坐标系与机床坐标系的坐标轴方向一致，并且与之有确定的尺寸关系。为保证编程与机床加工的一致性，零件坐标系也应采用右手笛卡儿直角坐标系。

2) 程序原点

零件坐标系的原点称为程序原点，也称编程原点或零件原点。当采用绝对坐标编程时，零件上所有的点的编程坐标值都是基于零件原点计量的(CNC 系统在处理零件程序时，自动将相对于零件原点的任一点的坐标统一转换为相对于机床零点的坐标)。

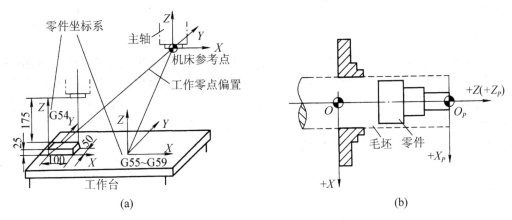

图 3.10   零件坐标系与机床坐标系的位置关系

程序原点在零件上的位置虽可由编程员任意选择，但一般应遵循下列原则：

(1) 应尽量选在零件的设计基准或工艺基准上。

(2) 应尽量选在尺寸精度高、表面粗糙度值小的零件表面上，以提高被加工零件的加工精度。

(3) 要便于测量和检验。

(4) 最好选在零件的对称中心上。

例如，车削加工的编程原点一般选在主轴中心线与零件右端面(或左端面)的交点处，如图 3.11 所示。铣削加工时，X、Y 向的零件原点一般选在进给方向一侧零件外轮廓表面的某个角上或对称中心上；Z 向的零件原点，一般设在零件顶面。

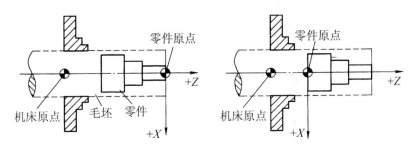

图 3.11   车削加工的编程原点

3.2.3   绝对值的确定

1. 几何点位置的表示方法

数控加工程序中表示几何点的坐标位置有绝对值和增量值两种方式。

1) 绝对坐标值

绝对坐标值是以公共点(原点，即零件原点)为依据来表示坐标位置。

2) 增量坐标值

增量(相对)坐标值是以相对于前一点位置坐标尺寸的增量来表示坐标位置，即在坐标系中，运动轨迹的终点坐标是以起点计量的，各坐标点的坐标值是相对于前一点所在位置之间的距离。

2. 坐标位置的表示方法

数控编程通常都是按照组成图形的线段或圆弧的端点的坐标来进行的。当运动轨迹的终点坐标是相对于线段的起点来计量的话，称为相对坐标或增量坐标。若按这种方式进行编程，则称为相对坐标编程。当所有坐标点的坐标值均从某一固定的坐标原点计量的话，就称为绝对坐标，按这种方式进行编程即为绝对坐标编程。

【例 3.1】 如图 3.12 所示，要从图中的 A 点到 B 点。

用绝对坐标编程为

X12.0 Y15.0

若用相对坐标编程则为

X-18.0 Y-20.0

采用绝对坐标编程时，程序指令中的坐标值随着程序原点的不同而不同；而采用相对坐标编程时，程序指令中的坐标值则与程序原点的位置没有关系。同样的加工轨迹，既可用绝对编程也可用相对编程，但有时候，采用恰当的编程方式，可以大大简化程序的编写。因此，实际编程时应根据使用状况选用合适的编程方式。这可在以后章节的编程训练中体会出来。

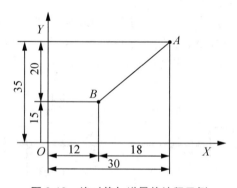

图 3.12 绝对值与增量值编程示例

3.3 数控加工程序格式与标准数控代码

3.3.1 数控加工程序格式

1. 加工程序的一般格式

1) 程序开始符、结束符

程序开始符、结束符相同，ISO 代码中是%，EIA 代码中是 EP，书写时要单列一段。

2) 程序名

程序名有两种形式：一种是英文字母 O 和 1～4 位正整数组成；另一种是由英文字母开头，字母数字混合组成的。程序名一般要求单列一段。

3) 程序主体

程序主体是由若干个程序段组成的。每个程序段一般占一行。

4) 程序结束指令

程序结束指令可以用 M02 或 M30 表示，一般要求单列一段。

加工程序的一般格式举例：

```
%                    // 开始符
O1000                // 程序名
N10 G00 G54 X50 Y30 M03 S3000
N20 G01 X88.1 Y30.2 F500 T02 M08
N30 X90              // 程序主体
...
N300 M30             // 结束符
```

2. 程序段格式

现在一般使用字地址可变程序段格式。程序段格式举例：

```
N30 G01 X88.1 Y30.2 F500 S3000 T02 M08
N40 X90
```

3.3.2 程序字的功能

组成程序段的每一个字都有特定的功能含义，以下是以 FANUC 0i 数控系统的规范为主来介绍的，实际工作中，请遵照机床数控系统说明书来使用各个功能字。

1. 顺序号字 N

顺序号位于程序段之首，由 N 和后续数字组成。顺序号的作用：①对程序的校对和检索修改；②作为条件转向的目标，即作为转向目的程序段的名称。

2. 准备功能字 G

准备功能字的地址符是 G，又称 G 功能或 G 指令，是用于建立机床或控制系统工作方式的一种指令。后续数字一般为 1～3 位正整数，如表 3-1 所示，FUNUC 0i 数控系统的 G 代码。

准备功能字 G 代码说明：

1) 准备功能指令的组

准备功能指令按其功能分为若干组，不同组的指令可以出现在同一程序段中，如果两个或两个以上同组指令出现在同一程序段中，只有最后面的指令有效。

2) 准备功能指令的模态

准备功能指令按其有效性的长短分属于两种模态：00 组的指令为非模态指令；其余组的指令为模态指令。模态指令具有长效性、延续性，即在同组其他指令未出现以前一直有效，不受程序段多少的限制，而非模态指令只在当前程序段有效。

3) 固定循环指令的禁忌

在固定循环指令中，如果使用了 01 组的代码，则固定循环将被自动取消或为 G80 状态(即取消固定循环)；但在 01 组指令中则不受固定循环指令的影响。

4) 默认设置

默认设置是指在机床开机时，控制系统自动所处的初始状态。

注意：不同的控制系统，准备功能指令 G 代码的定义可能有所差异，在实际加工编程之前，一定要搞清楚所用控制系统每个 G 代码的实际意义。

3. 尺寸字

尺寸字用于确定机床上刀具运动终点的坐标位置。

4. 进给功能字 F

进给功能字的地址符是 F，又称 F 功能或 F 指令，用于指定切削的进给速度。

5. 主轴转速功能字 S

主轴转速功能字的地址符是 S，用于指定主轴转速，单位为 r/min。

6. 刀具功能字 T

刀具功能字的地址符是 T，用于指定加工时所用刀具的编号。

7. 辅助功能字 M

辅助功能字的地址符是 M，用于指定数控机床辅助装置的开关动作，如表 3-2 所示。

辅助功能 M 代码说明：

1) 程序暂停指令 M00

程序暂停指令 M00 可使主轴停转、冷却液关闭、刀具进给停止而进入程序停止状态。如果操作者要继续执行下面的程序，就必须按控制面板上的"循环启动"按钮。

2) 计划停止指令 M01

计划停止指令 M01 功能与 M00 相同，但在程序执行前须按下"任选停止"或"计划停止"按钮，否则 M01 功能不起作用，程序将继续执行下去。

3) 程序结束指令 M02

程序结束指令 M02 能使主轴停转、冷却液关闭、刀具进给停止，并将控制部分复位到初始状态。可见，M02 比 M00 的功能多了一项"复位"，它编在程序的最后一条程序段中，用以表示程序的结束。

4) 纸带结束指令 M30

纸带结束指令 M30 能使主轴停转、冷却液关闭、刀具进给停止、将控止部分复位到初始状态并倒带。它比 M02 多了一个"倒带"功能。它的位置与 M02 相同，是程序结束的标志。只用于由纸带输入加工指令程序的方式。

注意：M02 与 M30 不能出现在同一程序中。

表 3-1 FUNUC 0i 数控系统的 G 代码

G 代码	组	用于数控车床的功能	组	用于数控铣床的功能
G00	01	快速定位 G00 X_ Y_;	01	相同 G00 X_ Y_ Z_;
G01		直线插补 G01 X_ Y_ F_;		相同 G01 X_ Y_ Z_ F_;
G02		顺时针方向圆弧插补		相同 G02 X_Y_R/I_J_F_;
G03		逆时针方向圆弧插补		相同 G03 X_Y_R/I_J_F_;
G04	00	暂停 G04 P_	00	相同
G10		数据设置		相同
G11		数据设置取消		相同
G15			17	极坐标指令消除
G16				极坐标指令
G17	16	XY 平面选择	02	相同
G18		ZX 平面选择		相同
G19		YZ 平面选择		相同
G20	06	英制	06	相同
G21		米制		相同
G22	04	行程检查开关打开	04	相同
G23		行程检查开关关闭		相同
G25	08	主轴速度波动检查打开		相同
G26		主轴速度波动检查关闭		相同
G27	00	参考点返回检查	00	相同 G27 X_Y_Z_;
G28		参考点返回		相同 G28 X_Y_Z_;
G30		第 2 参考点返回		相同 G30 X_Y_Z_;
G31		跳步功能		相同
G32	01	螺纹切削 G32 X(U)_Z(W)_R_E_P_F_;		×
G36	00	X 向自动刀具补偿		×
G37		Z 向自动刀具补偿		×
G40	07	刀尖补偿取消 G40 G00/G01 X_Y_Z_;	07	刀具半径补偿取消
G41		刀尖左补偿 G41 G00/G01 X_Y_Z_D_;		刀具半径左补偿
G42		刀尖右补偿 G42 G00/G01 X_Y_Z_D_;		刀具半径右补偿
G43		× G43 G00/G01 X_Y_Z_H_;	08	刀具长度正补偿
G44		× G44 G00/G01 X_Y_Z_H_;		刀具长度负补偿
G49		× G49 G00/G01 X_Y_Z_;		刀具长度补偿取消
G50	00	零件坐标原点,最大主轴速度设置 G50 S	11	比例缩放取消
G51				比例缩放
G50.1			22	可编程镜像取消
G51.1				可编程镜像有效
G52	00	局部坐标系设置	00	相同
G53		机床坐标系设置		相同
G54~G59	14	第 1~6 零件坐标系设置	14	相同
G60			01	单方向定位

G 代码	组	用于数控车床的功能	组	用于数控铣床的功能
G65	00	宏程序调用	00	相同
G66	12	宏程序调用模态	12	相同
G67		宏程序调用取消		相同
G68		双刀架镜像打开	16	×
G69		双刀架镜像关闭		×
G70	01	精车循环　G70 P_Q_;		×
G71		外圆/内孔粗车循环 G71U_R_;　G71 P_Q_U_W_F_S_T_;		×
G72		复合端面粗车循环 G72U_R_;G72 P_Q_U_W_F_S_T_;		×
G73		复合成形粗车循环 G73U_W_R_;　　　　　　　G73 P_Q_U_W_F_S_T_;	09	高速深孔钻孔循环 G98/G99 G73 X_Y_Z_R_Q_F_;
G74		端面啄式钻孔循环 G74R_;G74X_Z_P_Q_R_F_;		左旋攻螺纹循环 G98/G99 G73 X_Y_Z_R_F_;
G75		外径/内径啄式钻孔循环 G75R_;　G75X_Z_P_Q_R_F_;		×
G76		螺纹车削多次循环 G76Pm_r_a_Q_R_;　76X_Z_R_P_Q_F_;		精镗循环
G80	01	固定循环注销	09	相同
G81		×		钻孔循环 G81 X_Y_Z_R_F_L_;
G82		×		钻孔循环 G82 X_Y_Z_R_P_F_L_;
G83		端面钻孔循环		深孔钻孔循环 G83 X_Y_Z_R_Q_P_F_L_;
G84	01	端面攻螺纹循环		攻螺纹循环 G84 X_Y_Z_R_P_F_L_;
G85		×		粗镗循环 G85 X_Y_Z_R_P_F_L_;
G86		端面镗孔循环		镗孔循环
G87		侧面钻孔循环		背镗孔循环
G88	01	侧面攻螺纹循环		×
G89		侧面镗孔循环		镗孔循环
G90	01	外径/内径车削循环 G90 X_Z_F_;	03	绝对尺寸
G91		×		增量尺寸
G92	01	单次螺纹车削循环 G92X_Z_R_F_;	00	零件坐标原点设置
G94		端面车削循环 G94X_Z_F_;	05	每分进给
G95				每转进给
G96	02	恒表面速度设置	13	恒周速控制
G97		恒表面速度设置		恒周速控制取消
G98	05	每分进给	13	返回起始点
G99		每转进给		返回 R 点

表 3-2 M 功能字含义表

M 代码	用于数控车床的功能	用于数控铣床的功能	附注
M00	程序停止	相同	非模态
M01	计划停止	相同	非模态
M02	程序结束	相同	非模态
M03	主轴顺时针旋转	相同	模态
M04	主轴逆时针旋转	相同	模态
M05	主轴停止	相同	模态
M06	×	换刀	非模态
M07		冷却液喷雾开	模态
M08	切削液打开	相同	模态
M09	切削液关闭	相同	模态
M13	尾架顶尖套筒进	×	模态
M14	尾架顶尖套筒退	×	模态
M15	压缩空气吹管关闭	×	模态
M17	转塔向前检索	×	模态
M18	转塔向后检索	×	模态
M19	主轴定向	×	模态
M30	程序结束并返回	相同	非模态
M38	右中心架夹紧	×	模态
M39	右中心架松开	×	模态
M50	棒料送料器夹紧并送进	×	模态
M51	棒料送料器松开并退回	×	模态
M52	自动门打开	相同	模态
M53	自动门关闭	相同	模态
M58	左中心架夹紧	×	模态
M59	左中心架松开	×	模态
M68	液压卡盘夹紧	×	模态
M69	液压卡盘松开	×	模态
M74	错误检测功能打开	相同	模态
M75	错误检测功能关闭	相同	模态
M78	尾架套管送进	×	模态
M79	尾架套管退回	×	模态
M90	主轴松开	×	模态
M98	子程序调用	相同	模态
M99	子程序调用返回	相同	模态

3.4 数控机床的几个重要设定

3.4.1 有关单位的设定

1. 尺寸单位的设定

1) 指令格式

工程图样中的尺寸标注有英制和米制两种形式。

G20 表示英制输入，最小设定单位 0.0001in(1in=0.0254m)；G21 表示米制输入，最小设定单位 0.0001mm。

2) 说明

(1) G20/G21 必须在设定零件坐标系之前指定。

(2) 电源接通时，英制、米制转换的 G 代码与切断电源前相同。

(3) 程序执行过程中不要变更 G20、G21。

(4) 在有些系统中，英制、米制转换采用 G71/ G70 代码，如 SIMENS、FAGOR 系统。

2. 坐标计算单位的设定

数控机床中，相对于控制系统发出的每个脉冲信号，机床移动部件的位移量称为脉冲当量。坐标计算的最小单位是一个脉冲当量，它标志着数控机床的精度。如果机床的脉冲当量为 0.001mm/脉冲，则沿 X、Y、Z 轴移动的最小单位为 0.001mm。如向 X 正方向移动 50mm，则可写成 X50000，+号可以省略。此外也可用小数点方式输入，上例也可写为 X50.0。

例如，若脉冲当量为 0.001mm/脉冲，向 X 轴正方向 12.34mm、Y 轴负方向 5.6mm 移动时，下列几种坐标输入方式都是正确的。

① X12340 Y-5600

② X12.34 Y-5.6

③ X12.34 Y-5600

当输入最小设定单位以下位数坐标时，则进行四舍五入。如 X1.2345，就变为 X1.235。另外，最大指令位数不能超过 8 位数(包括小数点在内)。

注意：数控机床控制系统的脉冲当量一般有 0.01 毫米/脉冲、0.005 毫米/脉冲、0.001 毫米/脉冲等几种类型。为防止输入错误，提倡用带小数点的坐标输入方式。这样可以不必考虑机床控制系统的脉冲当量是多少。

3. 暂停指令 G04 使用格式

G04 可使刀具作短暂无进给加工，在数控车床上可使零件空转使车削面光整以达到粗糙度要求。常用于车槽、镗平面、锪孔等场合。不同的控制系统，其使用格式也有所不同，常见的有以下几种形式：

```
G04 X_  或 G04 P_  或 G04 U_
```

用 X 地址时，单位为 s，可以用小数点；用 P 地址时，单位为 ms，不能用小数点，如 P1000 表示暂停 1s；用 U 地址时，其单位为转，其值为 U/F 转，如 U40(若进给速度为 F10)，表示零件空转 40/10=4r(转)。

4. 进给速度单位的设定

1) 格式

G94 [F_]；每分进给，单位为 mm/min 或 in/min。

G95 [F_]；每转进给，单位为 mm/r 或 in/r。

2) 说明

(1) G94、G95 是模态指令，彼此可以相互取消。

(2) 数控铣床上，通常用 G94 为初始设定；数控车床上通常用 G95 为初始设定。

5. G27、G28、G29 指令的区别

1) G27 X_ Y_ Z_

G27 X_ Y_ Z_指令用于定位校验，其坐标值为参考点在零件坐标系中的坐标值。执行此指令，刀具快速移动，自动减速并在指定坐标值处作定位校验，当指令轴确实定位在参考点时，该轴参考点信号灯亮，如图 3.13 所示。若程序中有刀具偏置或补偿时，应先取消偏置或补偿后再作参考点校验。在连续程序段中，即使未到参考点，也要继续执行程序，为了便于校对，可以插入 M00 或 M01 使机床暂停或有计划停止。

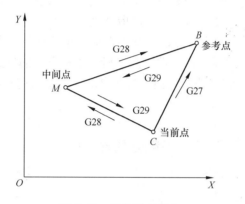

图 3.13　回参考点指令

2) G28 X_ Y_ Z_

G28 X_ Y_ Z_功能是使刀具经过给定的坐标值快速移动到参考点，与 G27 指令不同的是其坐标值仅是刀具回参考点路径上的一个中间点。执行此指令时，原则上应取消刀具长度补偿或半径偏置。

3) G29 X_ Y_ Z_

G29 X_ Y_ Z_功能是使刀具从参考点返回到指定的坐标处。返回时要经过 G28 所指定的中间点。G28 和 G29 常常成对使用。

3.4.2　与坐标有关的指令

1. 机床坐标系指令

1) 指令格式

机床坐标系指令的功能是将刀具快速定位到机床坐标系中的指定位置上。

指令格式为：G53 X_ Y_ Z_，式中 X、Y、Z 为刀具运动的终点坐标。

2) 说明

(1) G53 指令是非模态指令，只能在绝对坐标(G90)状态下有效。

(2) 在使用 G53 指令前，应消除相关的刀具半径、长度或位置补偿，而且必须使机床回参考点以建立起机床坐标系。

2. 零件坐标系的设定指令

零件坐标系可用下述两种方法设定。

1) G92 指令

G92 指令是基于刀具的当前位置来设置零件坐标系的。

指令格式为：G92 X_ Y_ Z_，式中 X、Y、Z 为刀具当前刀位点在零件坐标系中的绝对坐标值。

2) 零点偏置法(G54～G59 指令)

零点偏置法是基于机床原点来设置零件坐标系的。

G54～G59 指令这 6 个零件坐标系为模态指令，可相互注销，其中 G54 为默认值。

3) 说明

(1) G92 指令是非模态指令，只能在绝对坐标(G90)状态下有效。

(2) 在 G92 指令的程序段中尽管有位置指令值，但不产生刀具与零件的相对运动。

(3) 零点偏置法是基于机床原点，通过零件原点偏置存储页面中设置参数的方式来设定零件坐标系的。因此一旦设定，零件原点在机床坐标系中的位置是不变的，它与刀具当前位置无关，除非再经过 MDI 方式修改。故在自动加工中即使断电，其所建立的零件坐标系也不会丢失。

思考与练习

1. 什么是数控编程？
2. 试述手工数控编程的主要步骤。
3. 绝对坐标与相对坐标有何不同？
4. 数控加工程序的程序段由什么组成？
5. 数控加工程序的主要构成是什么？
6. 数控机床上有几种坐标系？机床坐标系是如何确定的？
7. 机床坐标系与零件坐标系有何不同？为什么要建立零件坐标系？
8. 建立零件坐标系的方法有几种？怎样建立零件坐标系？
9. 绝对输入方式与增量输入方式的区别是什么？
10. 回参考点指令有几个？写出其指令格式？有何不同？
11. 暂停指令有几种使用格式？G04 X1.5、G04 P2000、G04 U300 F100 各代表什么意义？
12. 指出定位指令 G90、G01、G02、M03 等各自的功能及使用方法。
13. 如何确定编程原点？

第 4 章　数控铣床编程

教学提示：了解数控铣床程序编制的基本方法，掌握数控铣床的主要功能及工艺性分析，掌握坐标系的设定、刀具的长度与半径补偿、子程序、镜像等编程指令。

教学目标：了解局部坐标系 G52 指令，熟悉零件坐标系设定指令 G92，掌握零件坐标系建立指令 G54～G59，直线插补指令 G01，圆弧插补指令 G02、G03，刀具半径补偿指令 G41、G42、G40，刀具长度补偿指令 G43、G44、G49；熟悉参考点返回指令 G27、G28、G29；子程序调用。

数控铣床是数控加工中最常见、也最常用的数控加工设备，它可以进行平面轮廓曲线加工和空间三维曲面加工，而且换上孔加工刀具，能同样方便地进行数控钻、镗、锪、铰及攻螺纹等孔加工操作。数控铣床操作简单，维修方便，价格较加工中心低得多，同时由于数控铣床没有刀具库，不具有自动换刀功能，所以其加工程序的编制比较简单：通常数值计算量不大的平面轮廓加工或孔加工可直接手工编程。本章主要介绍数控铣床的功能、分类和基本结构等知识，并介绍 FANUC 0i 系统简单加工程序的手工编程编制方法。

4.1　数控铣床概述

数控铣床是由普通铣床发展而来的，是发展较早的一种数控机床。

4.1.1　数控铣床的主要功能及加工对象

1. 数控铣床的主要功能

各种类型数控铣床所配置的数控系统虽然各有不同，但各种数控系统的功能，除一些特殊功能不尽相同外，其主要功能基本相同。

2. 数控铣床的工艺装备

数控铣床的工艺装备较多，这里主要分析夹具和刀具。

(1) 夹具。数控机床主要用于加工形状复杂的零件，但所使用夹具的结构往往并不复杂，数控铣床夹具的选用可首先根据生产零件的批量来确定。

(2) 刀具。数控铣床上所采用的刀具要根据被加工零件的材料、几何形状、表面质量要求、热处理状态、切削性能及加工余量等来选择刚性好、耐用度高的刀具。

3. 数控铣床的主要加工对象

1) 平面类零件

平面类零件的特点是，各个加工的单元面是平面或可以展开成平面。数控铣床上加工绝大多数零件都属于平面类零件。

2) 变斜角类零件

加工面与水平面的夹角呈连续变化的零件称为变斜角类零件，这类零件多为飞机零件。

3) 曲面类零件

加工面为空间曲面的零件称为曲面类零件，一般使用球头铣刀切削，加工面与铣刀为点接触。

4.1.2 数控铣床的分类

数控铣床通常分为立式数控铣床、卧式数控铣床和复合式数控铣床。

1. 立式数控铣床

立式数控铣床的主轴垂直于工作台所在的水平面，如图 4.1 所示。立式数控铣床应用范围最广，其优点是零件装夹方便、操作简单、找正容易、便于观查切削；但受高度限制，不能加工太高的零件，在加工型腔或下凹的型面时切屑不易排除，易损坏刀具，破坏已加工表面。综上所述它最适合加工高度相对较小的零件，如板材类、壳体类零件。

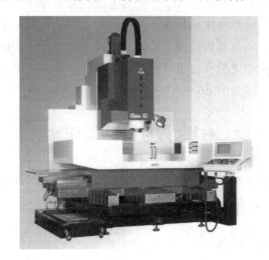

图 4.1 立式数控铣床

立式数控铣床分为工作台升降式、主轴头升降式和龙门式 3 种。

1) 工作台升降式数控铣床

工作台升降式数控铣床的横向、纵向和垂向(X、Y、Z)的进给运动由工作台完成，主轴只作旋转的主运动。小型数控铣床一般采用这种形式。

2) 主轴头升降式数控铣床

主轴头升降式数控铣床的主轴既作旋转的主运动，又随主轴箱作垂直升降的进给运动，工作台完成横向、纵向的进给运动。主轴头升降式数控铣床在精度保持、承载质量、系统构成等方面具有许多优点，已成为数控铣床的主流。

3) 龙门式数控铣床

龙门式数控铣床的主轴可在龙门架的横向与垂向溜板上运动，而龙门架则沿床身作纵向运动，如图 4.2 所示。由于需要考虑扩大行程、缩小占地面积和保证刚性等技术上的问题，大型数控立式铣床往往采用龙门式结构。

2. 卧式数控铣床

卧式数控铣床的主轴平行于工作台所在的水平面，如图 4.3 所示。为扩大加工范围和扩充功能，它的工作台大多是回转式的，零件经过一次装夹后，通过回转工作台改变工位，可实现除安装面和顶面以外的 4 个面的加工，卧式数控铣床适合箱体类零件的加工。

图 4.2 龙门数控铣床

图 4.3 卧式数控铣床

与立式数控铣床相比，卧式数控铣床的结构复杂，占地面积大，价格也较高，且试切时不易观察，生产时不易监视，装夹及测量不方便；但加工时排屑容易，对加工有利。

3. 复合式数控铣床

复合式数控铣床的主轴方向可任意转换，能做到在一台机床上既可以进行立式加工，又可以进行卧式加工，由于具备了上述两种机床的功能，其使用范围更广、功能更强。若采用数控回转工作台，还能对零件进行除定位面外的 5 面加工。

4.2 数控铣床常用编程指令

数控铣床的编程指令随控制系统的不同而不同，但一些常用的指令，如某些准备功能、辅助功能，还是符合 ISO 标准的。本节通过对一些基本编程指令的介绍，使大家不但了解这些指令的规定、用法，而且对利用这些指令进行实际编程有所认识。

4.2.1 快速定位和直线插补

以配置 FANUC 0i-MA 系统为例，介绍数控铣床的常用编程指令和编程方法。

1. 快速定位 (G00)

快速定位指令的一般格式为

```
G00  X_ Y_ Z_
```

执行该指令时，机床以自身设定的最大移动速度移向指定位置。快速定位指令仅在刀具非加工状态的快速移动时使用，其功能只是快速到位，其运动轨迹因具体的数控系统不同而异，一般以直线方式移动到指定位置，也有沿折线每个轴依次移动到位的，且进给速度对 G00 指令无效。

2．直线插补(G01)

直线插补指令的一般格式为

```
G01  X_ Y_ Z_ F_
```

【例 4.1】　编制加工如图 4.4 所示的轮廓加工程序，零件的厚度为 5mm。设起刀具点相对零件的坐标为(-10，-10，300)。按 $A \rightarrow B \rightarrow C \rightarrow D$ 顺序编程。

```
N01 G90 G92 X-10 Y-10 Z300        //设定起刀点的位置
N02 G00 X8 Y8 Z2                  //快速移动至 A 点的上方
N03 S1000 M03                     //启动主轴
N04 G01 Z-6 F50                   //下刀至切削厚度
N05 G17 X40                       //铣 AB 段
N06 X32 Y28                       //铣 BC 段
N07 X16                           //铣 CD 段
N08 X8 Y8                         //铣 DA 段
N09 G00 Z20 M05                   //抬刀且主轴停
N010 X-10 Y-10 Z300               //返回起刀点
N011 M02                          //程序结束
```

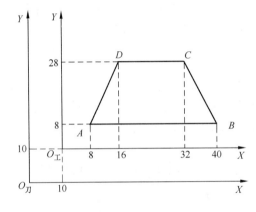

图 4.4　例 4.1

4.2.2　圆弧插补

1．插补指令(G02/G03)

(1) 圆弧在 XY 面上：

```
G17 G02(G03) G90(G91)X_Y_I_J_或R_F_
```

(2) 圆弧在 XZ 面上：

```
G18 G02(G03) G90(G91)X_Z_I_K_或R_F_
```

(3) 圆弧在 YZ 面上：

```
G19 G02(G03) G90(G91)Y_Z_J_K_或R_F_
```

其中 G17 指令表示 XY 平面，G18 指令表示 XZ 平面，G19 指令表示 YZ 平面。G02、G03 分别表示顺时针螺旋线插补、逆时针螺旋线插补。

I、J、K 为圆心坐标,圆弧半径 R。

X_Y_Z_表示圆弧终点位置,在 G90 绝对输入方式下为圆弧终点在零件坐标系中的实际坐标值,在 G91 增量输入方式下为圆弧终点相对于圆弧起点的增量值;I_J_K_为圆心相对于圆弧起点的增量值,不论是在 G90 下还是在 G91 下都是如此。另外,圆心的位置也可以用圆弧的半径 R 表示。当圆弧所对应的圆心角超过 180° 时,半径 R 用负值表示;正好为 180° 时,正负均可。但用 R 时不能用 I_J_K_,程序中 R 与 I、J、K 二者不能混用。还应该注意的是,整圆编程时不能使用 R,而只能用 I、J、K。

2. 说明

I 指圆弧起点指向圆心的连线在 X 轴上的投影矢量与 X 轴方向一致为正,相反为负。

J 指圆弧起点指向圆心的连线在 Y 轴上的投影矢量与 Y 轴方向一致为正,相反为负。

K 指圆弧起点指向圆心的连线在 Z 轴上的投影矢量与 Z 轴方向一致为正,相反为负。

【例 4.2】 编制图 4.5 圆弧加工的程序。

绝对坐标编程:

```
G90 G03 X25 Y40 I-20 J0 F50
或 G90 G03 X25 Y40 R20 F50
```

相对坐标编程:

```
G91 G03 X-20 Y20 I-20 J0 F50
或 G91 G03 X-20 Y20 R20 F50
```

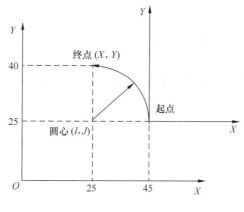

图 4.5 圆弧加工

【例 4.3】 用数控铣床加工图 4.6 所示的轮廓 *ABCDEA*。

分别用绝对坐标和相对坐标方式编写加工程序。

(1) 绝对坐标程序:

```
G92 X-10 Y-10
N01 G90 G17 G00 X10 Y10 LF
N02 G01 X30 F100 LF
N03 G03 X40 Y20 I0 J10 LF
N04 G02 X30 Y30 I0 J10 LF
N05 G01 X10 Y20 LF
```

```
N06  Y10 LF
N07  G00 X-10 Y-10 M02 LF
G92  X-10 Y-10
```

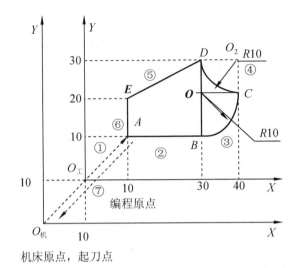

机床原点，起刀点

图 4.6 例 4.3

设定机床坐标系与零件编程坐标系的关系，给出机床坐标原点 $O_{机}$ 相对编程原点 $O_{工}$ 的坐标值。

```
N01 G90 G17 G00 X10 Y10 LF
```

G90 绝对坐标指令，G17 XY 平面内的加工指令，G00 快速定位指定，X10 Y10 指点 A 在零件坐标系内的坐标值。

该段程序的含义是指令刀具相对于零件由起刀点 $O_{机}$ 快速移动到 A 点。

```
N02 G01 X30 F100 LF
```

G01 直线插补指令，F100 进给速度为 100mm/min。

该程序段的含义是以直线插补和进给速度 100mm/min 的方式从点 A 向点 B 加工直线 AB 段。

```
N03 G03 X40 Y20 I0 J10 LF
```

G03 逆时针圆弧插补指令；X40 Y20 圆弧的终点相对于零件坐标原点的坐标值；I0 J10 为圆弧的圆心相对于起点的坐标。

该段程序的含义是以逆时针圆弧插补的方式从点 B 到点 C 加工 BC 圆弧段。

```
N04 G02 X30 Y30 I0 J10 LF
```

G02 顺时针圆弧插补指令；X30 Y30 为圆弧的终点相对于零件坐标原点的坐标值；I0 J10 为圆弧的圆心相对于起点的坐标。

该段程序的含义是以顺时针圆弧插补的方式从点 C 到点 D 加工 CD 圆弧段。

```
N05 G01 X10 Y20 LF
```

该程序段的含义是以直线插补的方式从点 *D* 向点 *E* 加工直线 *DE* 段。

```
N06 Y10 LF
```

该程序段的含义是以直线插补的方式从点 *E* 向点 *A* 加工直线 *EA* 段。

```
N07 G00 X-10 Y-10 M02 LF
```

G00 快速定位指定，X-10 Y-10 指 $O_机$ 点在零件坐标系内的坐标值，M02 程序结束指令。

(2) 相对坐标程序：

```
N01 G91 G17 G00 X20 Y20 LF
N02 G01 X20 F100 LF
N03 G03 X10 Y10 I0 J10 LF
N04 G02 X-10 Y10 I0 10 LF
N05 G01 X-20 Y-10 LF
N06 Y-10 LF
N07 G00 X-20 Y-20 M02 LF
```

4.2.3　刀具半径补偿(G40，G41，G42)

1. 刀具半径补偿指令格式

刀补指令的程序段格式：

(1) G00/G01 G41/G42 D X Y F

(2) G00/G01 G40 X Y

G40：取消刀具半径补偿；

G41：左刀补(在刀具前进方向左侧补偿)，如图 4.7(a)所示；

G42：右刀补(在刀具前进方向右侧补偿)，如图 4.7(b)所示；

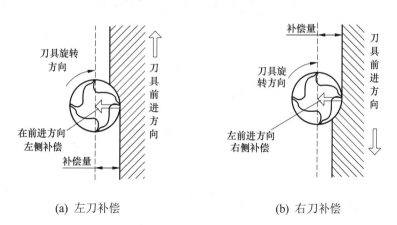

(a) 左刀补偿　　　　　　　　(b) 右刀补偿

图 4.7　刀具半径补偿方向

第一个指令中的 D 为刀具半径补偿地址，地址中存放的是刀具半径的补偿量；X Y 为由非刀补状态进入刀具半径补偿状态的起始位置。

第二个指令中的 X Y 为由刀补状态过渡到非刀补状态的终点位置，这里的 X Y 即为刀具中心的位置。

注意:

(1) 只能在 G00 或 G01 指令下建立刀具半径补偿状态及取消刀具半径补偿状态。

(2) 在建立刀补时,必须有连续两段的平面位移指令。这是因为,在建立刀补时,控制系统要连续读入两段平面位移指令,才能正确计算出进入刀补状态时刀具中心的偏置位置。否则,将无法正确建立刀补状态。

2. 刀具半径补偿编程举例

【例 4.4】 如图 4.8 所示,按增量方式编程:

```
O0001
N10 G54 G91 G17 G00 M03        //G17 指定刀补平面(XOY 平面)
N20 G41 X20.0 Y10.0 D01        //建立刀补(刀补号为 01)
N30 G01 Y40.0 F200
N40 X30.0
N50 Y-30.0
N60 X-40.0
N70 G00 G40 X-10.0 Y-20.0 M05  //解除刀补
N80 M02
```

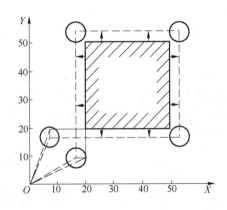

图 4.8 刀具半径补偿

【例 4.5】 某零件的外形轮廓如图 4.9 所示,厚度为 6mm。刀具为直径 12mm 的立铣刀。进刀、退刀方式:安全平面距离零件上表面 10mm,轮廓外形的延长线切入切出。要求:用刀具半径补偿功能手工编制精加工程序。

参考程序如下(程序段 2 中 D01 指令调用的 01 号刀的半径为 6mm,该值应在运行程序前设置在刀具表中)。

```
O1000
N01 G92 X20 Y-20 Z10
N02 G90 G00 G41 D01 X0
N03 G01 Z-6 F200 M03 S600
N04 Y50
N05 G02 X-50 Y100 R50
N06 G01 X-100
```

```
N07 X-110 Y40
N08 X-130
N09 G03 X-130 Y0 R20
N10 G01 X20
N11 Z10
N12 G40 G00 X20 Y-20 M05
N13 M30
```

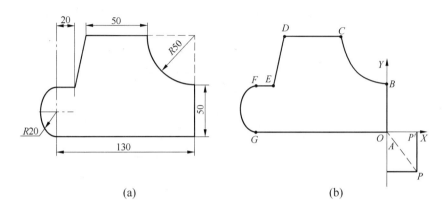

(a)　　　　　　　　　　　　　　　(b)

图 4.9　刀具半径补偿应用

4.2.4　刀具长度补偿(G43，G44，G49)

　　刀具长度补偿的建立、执行与撤销使用刀具长度补偿功能，在编程时可以不考虑刀具在机床主轴上装夹的实际长度，而只需在程序中给出刀具端刃的 Z 坐标，具体的刀具长度由 Z 向对刀来协调，如图 4.10 所示。

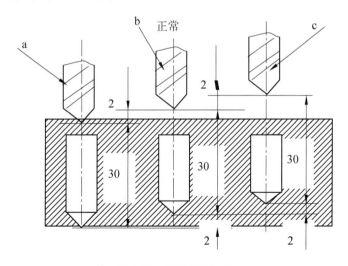

图 4.10　刀具长度补偿

　　G00 或 G01 G43 Z_ H_
　　G00 或 G01 G44 Z_ H_
　　G43：刀具长度补偿正补偿及 H 代码；

G44：刀具长度负补偿及 H 代码；

G49：取消刀具长度补偿用。

H 后跟两位数指定偏置号，在每个偏置号输入需要偏置的量。

刀具长度补偿如图 4.10 所示。

a 情况：设定 H01=2，则 G44 H01；

c 情况：设定 H01=-2，则 G43 H02。

【例 4.6】 应用刀具长度补偿指令编程的实例，图 4.11 所示的 *A* 点为程序的起点，加工路线为 1→2→…9。

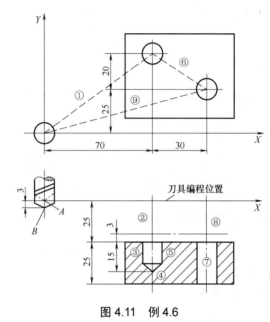

图 4.11　例 4.6

相对坐标程序：

```
N01 G91 G00 X70 Y35 S100 M03//刀具以顺时针100r/min旋转，并快速奔向点(70, 35)。
N02 G43 D01 Z-22        //刀具正补。偿D01=e，并向下进给22mm。
N03 G01 Z-18 F500       //刀具直线插补以500mm/min的速度向下进给18mm。
N04 G04 P20             //刀具暂停进给20ms，以达到修光孔壁的目的。
N05 G00 Z18             //刀具快速上移18mm。
N06 X30 Y-20            //刀具在XY平面上向点(30, -20)快速移动。
N07 G01 Z-33 F500       //刀具以直线插补和进给速度为500mm/min的方式向下钻孔。
N08 G00 D00 Z55         //刀具快速向上移动55mm，并撤销刀具长度补偿指令。
N09 X-100 Y-15 M05 M02//刀具在XY平面上向点(-100, 15)快速移动，到位后程序运行结束。
```

4.2.5　子程序

1. 子程序指令格式

编程时，为了简化程序的编制，当一个零件上有相同的加工内容时，常用调子程序的方法进行编程。调用子程序的程序称为主程序。子程序的编号与一般程序基本相同，只是以 M99 表示子程序结束，并返回到调用子程序的主程序中。

调用子程序的编程格式:

M98 P 程序号 L 调用次数	
O10	子程序程序号
N01	子程序体
N0n M99	子程序结束并返回主程序

使用子程序时应注意:

(1) 主程序可以调用子程序, 子程序也可以调用其他子程序, 但子程序不能调用主程序和自身。

(2) 主程序中模态代码可被子程序中同一组的其他代码所更改。

(3) 最好不要在刀具补偿状态下的主程序中调用子程序。

2. 子程序编程举例

【例 4.7】　编制如图 4.12 所示零件的程序, 零件上 4 个方槽的尺寸、形状相同, 槽深 2mm, 槽宽 10.2mm, 未注圆角半径为 $R5$, 设起刀点为(0, 0, 200)。

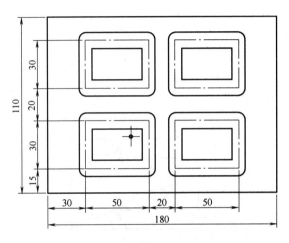

图 4.12　子程序举例

```
O1 (MAIN_PROGRAMM)
N01 G90 G92 X0. Y0. Z200      //设置起刀点的位置
N02 G00 X30. Y15. Z5          //快速移至第一切削点上方
N03 G91 S600 M03              //相对坐标, 主轴正转 600r/min
N04 M98 P10                   //调用子程序 10
N05 G00 X70
N06 M98 P10
N07 G00 X-70. Y50
N08 M98 P10
N09 G00 X70
N010 M98 P10
N011 M05
N012 G90 G00 X0. Y0. Z200
N013 M02

O10 (SUB_PROGRAMM)
N1 G01 Z-7. F50
```

```
N2  X50. F150
N3  Y30
N4  X-50
N5  Y-30
N6  G00 Z7
N7  M99
```

4.2.6　比例缩放指令

1．比例缩放指令格式

(1) 各轴按相同比例编程：

```
G51 X_ Y_ Z_ P_
X_ Y_ Z_ 为缩放中心坐标；
P_   缩放比例系数；
G50 取消比例缩放。
```

(2) 各轴以不同比例编程：

```
G51 X_Y_Z_I_J_K_
I、J、K 对应 X、Y、Z 的比例系数。
```

如图 4.13 所示。

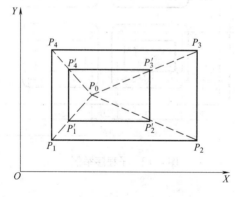

图 4.13　比例缩放

2．比例缩放编程举例

【例 4.8】　图 4.14 所示的 $\triangle ABC$，顶点为 $A(30，40)$，$B(70，40)$，$C(50，80)$，若 $D(50，50)$ 为中心，放大 2 倍，则缩放程序为：

```
G51 X50 Y50 P2
```

执行该程序，将自动计算出 A'、B'、C' 3 点坐标数据为 $A'(10，30)$，$B'(90，30)$，$C'(50，110)$ 从而获得放大一倍的 $\triangle A'B'C'$。

缩放不能用于补偿量，并且对 A，B，C，U，V，W 轴无效。

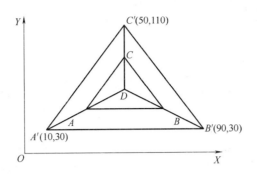

图 4.14　缩放功能

4.2.7　镜像编程指令

1. 镜像编程指令格式

在加工某些对称图形时，为了避免反复编制类似的程序段，缩短加工程序，可采用镜像加工功能。

(1) FANUC 11-MEA-4 系统的镜像指令代码为：

　M21，关于 X 轴的镜像(对称于 Y 轴)；
　M22，关于 Y 轴的镜像(对称于 X 轴)；
　M23，取消镜像。

(2) FANUC 0i 系统的镜像指令代码为：

　G24 X_Y_Z_
　M98 P_
　G25 X_Y_Z_
　G24，建立镜像；
　G25，取消镜像。

2. 镜像编程举例

【例 4.9】　精铣图 4.15 所示的 4 个形状相同、高 5mm 的凸台。设零件坐标原点位于零件上表面对称中心，刀具起始位置在零件坐标系(0，0，100)处，A(6.84，18.794，0)，B(17.101，46.985，0)，C(46.985，17.101，0)，D(18.794，6.84，0)

```
O1 (MAIN-PROGRAMM)
N01 G90 G92 X0 Y0 Z100          //设置起刀点
N02 G00 Z1                      //刀具移至点(0, 0, 1)
N03 S200 M03                    //主轴正转200r/min
N04 G01 Z-5. F50                //刀具移至点(0, 0, 1)
N05 M98 P10                     //加工凸台1
N06 M21 M98 P10                 //加工凸台2
N07 M22 M98 P10                 //Y轴镜像、加工凸台3
N08 M23                         //取消镜像
N09 M22 M98 P10                 //Y轴镜像、加工凸台4
N010 M23                        //取消镜像
```

```
N011 G90 G00 Z100
N012 M05
N013 M02

O10 (SUB-PROGRAMM)
N1 G01 G41 D01 X6.84 Y18.794 F200             //移至 A 点建刀补
N2 X17.101 Y46.985                            //加工 AB 段
N3 G02 X46.985 Y17.101 I-17.101 J-46.985      //加工 BC 段
N4 G01 X18.794 Y6.84                          //加工 CD 段
N5 G03 X0 Y20. I-18.794 J-46.985              //加工 DA 段
N6 G00 G40 X0 Y0                              //X 轴镜像、加工凸台 2
N7 M99
```

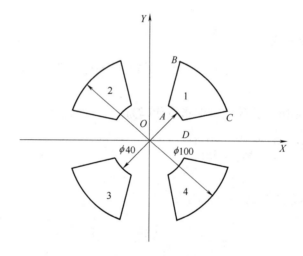

图 4.15 镜像编程

4.2.8 旋转镜像编程指令

1. 旋转编程指令格式

旋转编程指令可使编程图形按照指定旋转中心及旋转方向旋转一定的角度，G68 表示开始坐标系旋转，G69 用于撤销旋转功能。

编程格式：G68 X_ Y_ R_
           ...
           G69

其中 G68 为坐标旋转；G69 取消坐标系旋转；X、Y 为旋转中心的坐标值(可以是 X、Y、Z 中的任意两个，它们由当前平面选择指令 G17、G18、G19 中的一个确定)，当 X、Y 省略时，G68 指令认为当前的位置即为旋转中心；R 为旋转角度，逆时针旋转定义为正方向，顺时针旋转定义为负方向。

当程序在绝对方式下时，G68 程序段后的第一个程序段必须使用绝对方式移动指令，才能确定旋转中心。如果这一程序段为增量方式移动指令，那么系统将以当前位置为旋转中心，按 G68 给定的角度旋转坐标。

2. 旋转编程举例

【例 4.10】 图 4.16 所示的零件，用旋转编程指令编程。

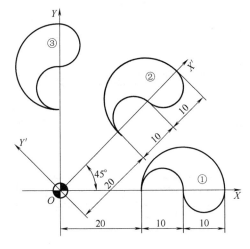

图 4.16　旋转编程

```
O0011                      //（主程序）
G90 G54 G61 M03 S500 F150.0
G00 X0 Y0 Z10.0
G68 X0 Y0 R45.0
M98 P0012
G69
G68 X0 Y0 R90.0
M98 P0012
G69
G00 Z10.0
M30

O0012                      //（子程序）
G01 Z-2.0
G41 G01 X20.0 Y0 F100.0 D01
G02 X40.0 Y0 I10.0
G02 X30.0 Y0 I-5.0
G03 X20.0 Y0 I-5.0
G00 Z2.0
G40 G00 X0 Y0
M99
```

说明：

(1) 旋转平面一定要包含在刀具半径补偿平面内。

(2) 在比例模式时，再执行坐标旋转指令，旋转中心坐标也执行比例操作，但旋转角度不受影响，这时各指令的排列顺序如下：

G51…
G68…
G41/G42…
G40…
G69…
G50…

4.3　数控铣床编程实例

【例 4.11】　编写图 4.17 所示零件内轮廓的精加工程序，刀具半径为 8mm，编程原点建在零件中心上表面，用左刀补加工。

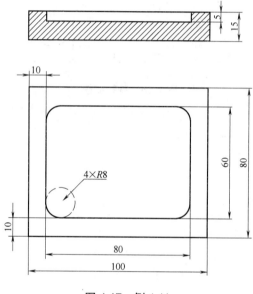

图 4.17　例 4.11

```
O0007
N01 G90 G92 X0 Y0 Z100
N02 T01
N03 M03 S500
N04 G00 G43 H01 Z5
N05 G01 Z-5 F100
N06 G41 G01 X40 Y0 D01 F200
N07 Y30
N08 X-40
N09 Y-30
N10 X40
N11 Y2
N12 G40 G01 X0 Y0
N13 G49 G00 Z100
N14 M05
N15 M30
```

【例 4.12】 编写图 4.18 所示零件的精加工程序,编程原点建在左下角的上表面,用左刀补。

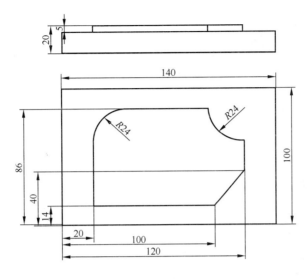

图 4.18　例 4.12

```
O0001
N01 G90 G92 X-10 Y-10 Z50
N02 T01
N03 M03 S1000 F80
N04 G43 H01 G00 Z-5
N05 G41 G01 X20 Y0 D01
N06 G01 Y62
N07 G02 X44 Y86 R24
N08 G01 X96
N09 G03 X120 Y62 R24
N10 G01 Y40
N11 X100 Y14
N12 X0
N13 G40 G01 X-10 Y-10
N14 G49 G00 Z50
N15 M05
N16 M30
```

【例 4.13】 用 $\phi6mm$ 的刀具铣图 4.16 所示的"X、Y、Z" 3 个字母,深度为 2mm,试编程。零件坐标系如图 4.19 所示,设程序启动时刀心位于零件坐标系的(0,0,100)处,下刀速度为 50mm/min,切削速度为 150mm/min,主轴转速为 1000r/min,编程过程中不用刀具半径补偿功能。

```
O0003
N01 G90 G92 X0 Y0 Z100
N02 T01
N03 M03 S1000
```

N04 G43 H01 G00 Z5
N05 G00 X10 Y10
N06 G01 Z-2 F50
N07 G01 X30 Y40 F150
N08 Z2
N09 G00 X10
N10 G01 Z-2 F50
N11 X30 Y10 F150
N12 Z2
N13 G00 X40 Y40
N14 G01 Z-2 F50
N15 X50 Y25 F150
N16 Y10
N17 Z2
N18 G00 Y25
N19 G01 Z-2 F50
N20 X60 Y40 F150
N21 Z2
N22 G00 X70
N23 G01 Z-2 F50
N24 X90 F150
N25 X70 Y10
N26 X90
N27 Z2
N28 G00 X0 Y0
N29G49 G00 Z100
N30 M05
N31 M30

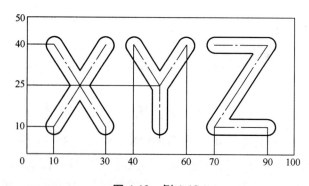

图 4.19 例 4.13

思考与练习

1. 精铣图 4.20 和图 4.21 所示的外轮廓。

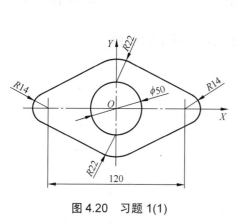

图 4.20　习题 1(1)

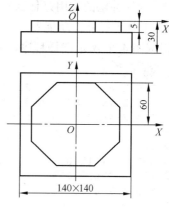

图 4.21　习题 1(2)

2．用 φ8 的立铣刀加工图 4.22 和图 4.23 所示零件，试编程。

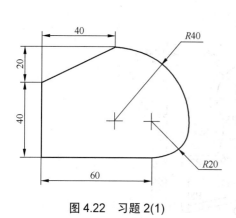

图 4.22　习题 2(1)

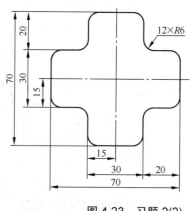

图 4.23　习题 2(2)

3．如图 4.24 所示，精铣内外轮廓面，试编程并进行加工。

4．图 4.25 所示零件有 6 个形状、尺寸相同的凸台，高 6mm，试用子程序编制程序。

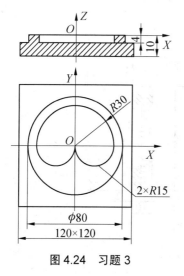

图 4.24　习题 3

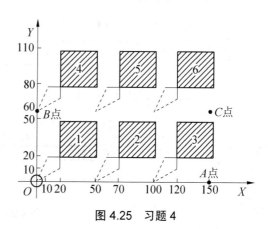

图 4.25　习题 4

5. 刀具半径补偿的作用是什么？使用刀具半径补偿有哪几步？在什么移动指令下才能建立和取消刀具半径补偿功能？

6. 根据图 4.26 所示读懂程序，在空白括弧中填写对应程序的注释

```
G92 X0 Y0 Z0                              (                    )
G90 G00 X-65.0 Y-95.0 Z300.0              (                    )
G43 G01 Z-15.0 S800 M03 H01               (                    )
G41 G01 X-45.0 Y-75.0 D05 F120.0          (                    )
Y-40.0
X-25.0
G03 X-20.0 Y-15.0 I-16.0 J25.0            (                    )
G02 X20.0 I20.0 J15.0
G03 X25.0 Y-40.0 I65.0 J0
G01 X45.0
Y-75.0
X0 Y-65.0
X-45.0 Y-75.0
G40 X-65.0 Y-95.0 Z300.0
M02
```

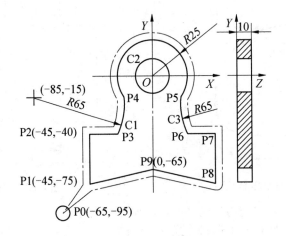

图 4.26　习题 6

7. 利用子程序编写图 4.27 所示零件的程序。

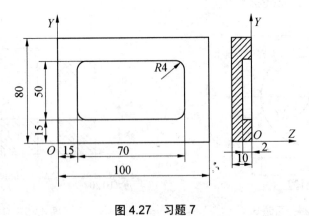

图 4.27　习题 7

8．精铣图 4.28(a)、(b)所示的内部轮廓。图 4.28 所示的内轮廓深 4mm，用直径为 ϕ8mm 的铣刀，试编程。

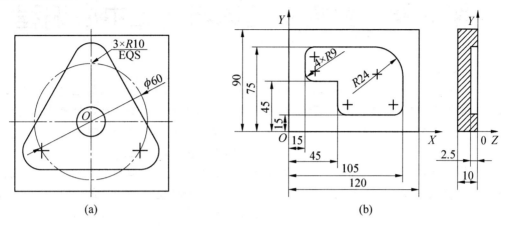

图 4.28　习题 8

9．图 4.29 所示的凸台高度为 4mm，试用镜像指令编程。

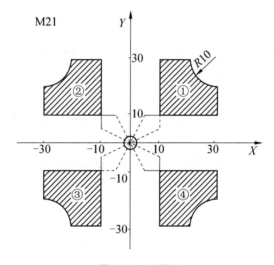

图 4.29　习题 9

第 5 章　数控钻镗床与加工中心编程

教学提示：了解数控钻镗床程序编制的基本方法，掌握数控铣床的主要功能及工艺性分析，掌握 13 种孔循环加工编程指令。数控加工中心将数控铣床、数控钻镗床的功能结合起来，能实现钻、铣、铰、扩、攻螺纹等功能。带有刀库，有自动换刀装置，实现复杂零件加工，较简单的零件可用手工编程，复杂的零件需用自动编程。

教学目标：了解数控钻镗床孔加工固定循环指令，了解数控加工中心程序编制的基本方法，掌握数控加工中心的主要功能及工艺性分析，掌握坐标系的设定，刀具的自动换刀指令、多个零件坐标系设定、刀具补偿指令等编程指令。根据加工零件的要求灵活运用编程指令，能较熟练进行编程。

孔加工是常见的加工工序，主要有钻孔、锪孔、镗孔、攻螺纹等操作。孔加工可在数控钻镗床上加工，也可以在数控铣床或加工中心上安装钻头、锪刀、镗刀、丝锥等不同的孔加工刀具，完成孔加工工序。加工中心(Machining Center，MC)，是由数控铣、数控钻镗类机床发展而来的，集铣削、钻镗、攻螺纹等各种功能于一体，并配备有规模庞大的刀具库，具有自动换刀功能，是适用于加工复杂零件的高效率、高精度的自动化机床。加工程序的编制，是决定加工质量的重要因素。在本章的教学内容中，将研究影响加工中心的编程特点、工艺及工装、机床功能等因素。

加工中心是高效、高精度数控机床，零件在一次装夹中便可完成多道工序的加工，同时还备有刀具库，并且有自动换刀功能。加工中心所具有的这些丰富的功能，决定了加工中心程序编制的复杂性。

5.1　孔加工固定循环指令

数控钻镗编程时，数值计算比较简单，程序中只需要给出被加工孔的中心位置、孔的深度及孔在加工过程中刀具的几个关键位置就可以了。一般，一条加工指令仅完成一个加工动作，但孔的加工需要一套连续的几个固定动作才能完成。

孔循环一般包括 6 个动作：在 XY 面定位；快速移动到 R 平面；孔加工；孔底动作；返回到 R 平面；返回到起始点。

图 5.1 所示浅孔加工：刀具在初始平面快速定位至孔中心，再快速下至安全平面位置，然后以钻孔进给速度加工至孔底，最后再快速抬刀，完成一浅孔的加工。对孔加工中的这些典型的固定的几个连续动作，数控系统均以子程序的形式事先存储在子程序存储器中，在需要时可用一组"固定循环"指令代码去调用相应的子程序，执行不同的孔加工操作，使钻镗加工程序大大简化。

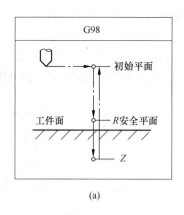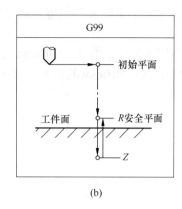

图 5.1　浅孔加工的连续动作

5.1.1　固定循环指令调用格式

常用的孔加工固定循环指令有 13 个：G73、G74、G76、G80、G81～G89，其中 G80 为取消固定循环指令，其调用格式为

```
G98/G99 G_ X_ Y_ Z_ R_ P_ Q_ L_ F_
```

G98　表示自动抬高至初始平面高度；

G99　表示自动抬高至安全平面高度；

G 为 G73、G74、G76、G81～G89 中的任一个代码；

X 和 Y 为孔中心位置坐标；

Z 为孔底位置或孔的深度；

R 为安全平面高度；

P 刀具在孔底停留时间，用于 G76、G82、G88、G89；

Q 深孔加工(G73、G83)时，每次下钻的进给深度，镗孔(G76、G87)时，刀具的横向偏移量，Q 的值永远为正值；

L 为子程序调用次数，L0 时，只记忆加工参数，不执行加工，只调用一次时，L1 可以省略；

F 为钻孔的进给速度。

5.1.2　固定循环指令简介

1. 浅孔加工指令

浅孔加工包括用中心钻钻定位孔、用钻头钻浅孔、用锪刀锪沉头孔等，指令有 G81、G82 两个。

(1) G81 主要用于定位孔和一般浅孔加工。

编程指令为

```
G81 X_ Y_ Z_ R_ F_
```

加工过程如图 5.2 所示，刀具在当前初始平面高度快速定位。至孔中心 X_Y_；然后沿

Z 的负向快速降至安全平面 R 的高度；再以进给速度 F 下钻，钻至孔深 Z 后，快速沿 Z 的正向退刀。

【例 5.1】　编制图 5.3 所示的 4 个 ϕ10mm 浅孔的数控加工程序。零件坐标系原点定于零件上表面对称中心，选用 ϕ10mm 的钻头，起始位置位于零件坐标系(0，0，200)处。

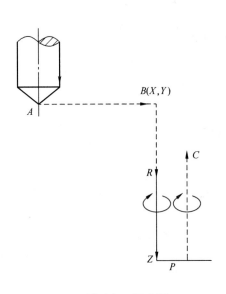

图 5.2　浅孔加工固定循环　　　　　　图 5.3　例 5.1

```
N1 G90 G92 X0 Y0 Z200
N2 S500 M03 M08
N3 G00 Z20
N4 G99 G81 X45. Z-14. R3. F60
N5 X0 Y45
N6 X-45. Y0
N7 G98 X0 Y-45
N8 G80 M09 M05
N9 G00 Y0 Z200
N10 M02
```

(2) G82 主要用于锪孔。

所用刀具为锪刀或锪钻，是一种专用刀具，用于对已加工的孔刮平端面或切出圆柱形或锥形深头孔。

```
G82 X_ Y_ Z_ R_ P_ F_
```

其加工过程与 G81 类似，唯一不同的是，刀具在进给加工至深度 Z 后，暂停 P 秒，然后再快速退刀。

【例 5.2】　如图 5.4 所示，零件上 ϕ5mm 的通孔已加工完毕，需用锪刀加工 4 个直径为 ϕ7mm，深度为 3mm 的沉头孔，试编写加工程序。设锪刀的初始位置为(0，0，200)。

```
N1 G90 G92 X0 Y0 Z200
N2 G00 Z10
N3 S300 M03 M08
```

```
N4 G99 G82 X18. Z-3. R3. P1000 F40
N5 X0 Y18
N6 X-18. Y0
N7 G98 X0 Y-18.
N8 G80 M09 M05
N9 G00 X0 Y0 Z200.
N10 M02
```

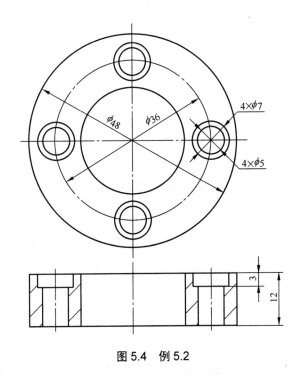

图 5.4　例 5.2

2. 深孔加工指令

深孔加工固定指令有两个 G73 和 G83，分高速深孔加工和一般深孔加工。

1) G73 为高速深孔加工指令

　G73 X_ Y_ Z_ R_ Q_ F_

其固定循环指令动作如图 5.5(a)所示，高度深孔加工采用间断进给，有利于断屑、排屑。每次进给钻孔深度为 Q，一般取 3~10mm，末次进刀深度≤Q。

　d 为间断进给时的抬刀量，由机床内部设定，一般为 0.2~1mm。

2) G83 为一般深孔加工指令

　G83 X_ Y_ Z_ R_ Q_ F_

其固定循环指令动作如图 5.5(b)所示。G83 与 G73 的区别在于：G73 每次以进给速度钻进 Q 深度后，快速抬高 d，再由此处以进给速度钻孔至第二个 Q 深度，依次重复，直至完成整个深孔的加工；而 G83 则是在每次进给钻进一个 Q 深度后，均快速退刀至安全平面高度，然后快速下降至前一个 Q 深度之上 d 处，再以进给速度钻孔至下一个 Q 深度。

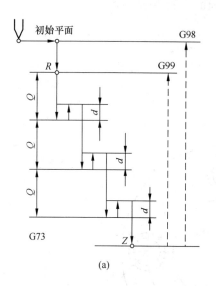 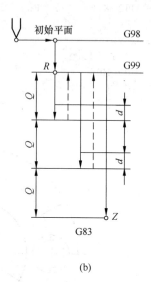

(a) (b)

图 5.5 深孔加工固定循环

3. 螺纹加工指令

螺纹加工指令有两个：G74 和 G84。它们分别用于左螺纹加工和右螺纹加工。

1) G74 为左螺纹加工指令

```
G74 X_ Y_ Z_ R_ F_
G98 返回R安全平面
G99 返回初始平面
```

其固定循环动作如图 5.6 所示，丝锥在初始平面高度快速平移至孔中心 X_Y_处，然后再快速下降至安全平面 R_高度，反转启动主轴，以进给速度(导程/转)F_切入至 Z_处，主轴停转，再正转启动主轴，并以进给速度退刀至 R 平面，主轴停转，然后快速抬刀至初始平面。

2) G84 为右螺纹加工指令

```
G84 X_ Y_ Z_ R_ F_
```

其固定循环动作如图 5.7 所示，与 G74 不同的是，在快速降至安全平面 R 后，正转启动主轴，丝锥攻入孔底后停转，再反转退刀。

【例 5.3】 如图 5.8 所示，零件上 5 个 M20×1.5 的螺纹底孔已钻好，零件厚度为 10mm，通螺纹，试编写右螺纹加工程序。

设零件坐标系原点位于零件上表面对称中心，丝锥起始位置在(0，0，200)处。加工程序如下：

```
N1 G90 G92 X0 Y0 Z200
N2 G00 Z30. S200
N3 G84 X0 Y0 Z-20. R5. F1.5
N4 X25. Y25
N5 X-25
N6 Y-25
```

```
N7  X25
N8  G80 G00 X0 Y0 Z200
N9  M02
```

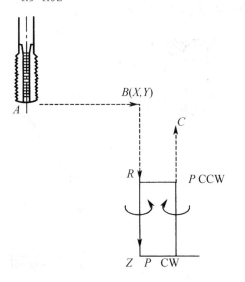

图 5.6　左旋攻螺纹　　　　　　　图 5.7　右旋攻螺纹

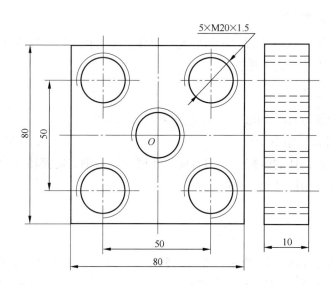

图 5.8　螺纹加工零件

4. 镗孔加工指令

1) G85、G86、G88、G89 为粗镗循环指令
其格式为

```
G85 X_Y_Z_R_ F_
```

其固定循环动作如图 5.9 所示。在初始高度,刀具快速定位至孔中心 X_Y_,接着快速下降至安全平面 R_处,再以进给速度 F_镗至孔底 Z_,然后以进给速度退刀至安全平面,

再快速抬至初始平面高度。

　　G86 参数格式与 G85 相同，如图 5.10 所示，与 G85 固定循环动作不同的是，当镗至孔底后，主轴停转，快速返回安全平面(G99 时)或初始平面(G98 时)后，主轴重新启动。

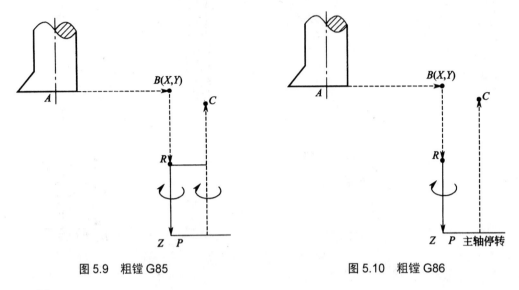

　　　　图 5.9　粗镗 G85　　　　　　　　　　图 5.10　粗镗 G86

```
G88 X_ Y_ Z_ R_ P_ F_
```

　　其固定循环动作与 G86 类似，不同的是，刀具在镗至孔底后，暂停 P_秒，然后主轴停止转动，退刀是在手动方式下进行。

```
G89 X_ Y_ Z_ R_ P_ F_
```

　　其固定循环动作与 G85 的唯一差别是在镗至孔底时暂停 P_秒。

　　2) G76 为精镗循环指令

　　精镗循环与粗镗循环的区别是：刀具镗至孔底后，主轴定向停转，并反刀尖偏移，使刀具在退出时刀具不划伤精加工孔的表面。

　　其指令参数格式为

```
G76 X_ Y_ Z_ R_ Q_ P_ F_
```

　　其固定循环动作如图 5.11 所示，镗刀在初始平面高度快速移至孔中心 X_Y_，再快速降至安全平面 R_，然后以进给速度 F_镗孔至孔底 Z_，暂停 P_秒，然后刀具抬高一个回退量 d，主轴定向停止转动，然后反刀尖方向快速偏移 Q_，再快速抬刀至安全平面(G99 时)或初始平面(G98 时)，再沿刀尖方向平移 Q_。

　　3) G87 为背镗(又称反镗)循环指令

　　背镗中的镗孔进给方向与一般孔加工方向相反，一般加工时，刀具主轴沿 Z 轴负向向下加工进给，安全平面 R 在孔底 Z 的上方，如图 5.12 所示；背镗时，刀具主轴沿 Z 轴正向向上加工进给，安全平面 R 在孔底 Z 的下方。

　　其指令参数格式为

```
G87 X_ Y_ Z_ R_ Q_ P_ F_
```

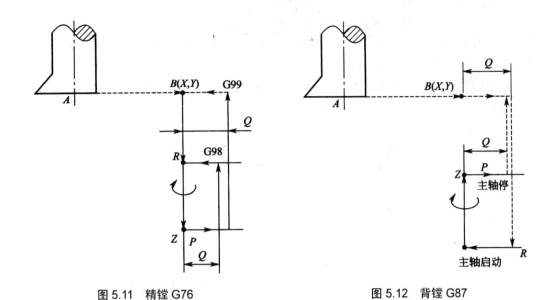

图 5.11　精镗 G76　　　　　　　　图 5.12　背镗 G87

其固定循环动作如图 5.12 所示，刀具在初始平面高度快速移至孔中心 X_Y_，主轴定向停转，然后快速沿反刀尖方向偏移 Q_，再沿 Z 轴负向快速降至安全平面 R_，然后沿刀尖正向偏移 Q_ 值，主轴正转启动，再沿 Z 轴正向以进给速度向上反镗至孔底 Z_，暂停 P_ 秒，然后沿 Z 轴负向回退 d，主轴定向停转，反刀尖方向偏移 Q_，并快速沿 Z 轴正向退刀至初始平面高度，再沿刀尖正向横移 Q_ 回到初始孔中心位置后，主轴再次启动。

5. 使用固定循环指令注意事项

1) 固定循环指令是模态变量

G73、G74、G76、G81～G89 等固定循环指令均具有长效延续性能，在未出现 G80(取消固定循环指令)及 01 组的准备功能代码 G00、G01、G02、G03 代码时，其固定循环指令一直有效；固定循环指令中的参数除 L 外也均具有长效延续性能，如果加工的是一组相同孔径，相同孔深的孔时，仅需给出新孔位置 X_、Y_ 的变化值，而 Z_、R_、Q_、P_、F_ 均无需重复给出，一旦取消固定循环指令，其参数的有效性也随之结束，X_、Y_、Z_ 恢复至三轴联动的轮廓位置控制状态。

2) 孔中心位置的确定

在调用固定循环指令时，其参数没有 X、Y 时，孔中心位置为调用固定循环指令时刀心所处的位置。

3) 固定循环指令的重复调用

在固定循环指令的格式中，L_ 是表示重复调用次数的参数，如果有孔间距相同的若干相同的孔需要加工时，在增量输入方式(G91)下，使用重复调用次数 L 来编程，可使程序大大简化，如指令为

```
G91 G99 G81 X50. Z-20. R-10. L6 F50
```

但是重复调用参数 L_ 不宜在加工螺纹的 G74 或 G84 指令中出现，因为在刀具回到安

全平面 *R* 或初始平面时要反转，需要一定的时间，如果用 L 来进行多孔操作，要估计主轴的启动时间。如果时间估计不足，可能会造成错误操作。

【例 5.4】　用 ϕ10mm 的钻头钻图 5.13 所示的 4 个孔。若孔深为 10mm，用 G81 指令；若孔深为 40mm，用 G83 指令。试用循环方式编程。

刀具的初始位置位于零件坐标系的(0，0，200)处。

```
N1 G90 G92 X0 Y0 Z200
N2 G00 Z20
N3 S300 M03
N4 G91 G99 G81 X20. Y10. Z-13. R-17. L4 F50
或 N4 G91 G99 G83 X20. Y10. Z-43. R-17. Q10. L4 F50
N5 G80 M05
N6 G90 G00 X0 Y0 Z200
N7 M02
```

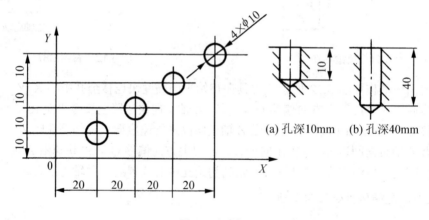

图 5.13　例 5.4

5.2　数控钻镗床编程实例

同数控铣床编程一样，数控钻镗床编程的程序编制格式，以及固定循环指令的参数使用格式，也因数控机床所配置的数控系统不同而不完全相同。所以，在实际编制加工程序时，应严格按照机床控制系统配备的编程说明书上的固定的格式进行编程。尽管不同的数控系统，加工指令的意义或格式会有所差异，但编程方法和步骤是相同的，本节将以两个实例进行说明。

【例 5.5】　如图 5.14 所示，要求在 300mm×200mm×5mm 的 45 钢板上钻 15 个 ϕ25mm 的通孔。因为钢板厚仅 5mm，用浅孔循环指令 G81 即可。孔径由 ϕ25mm 的钻头保证。因 15 个孔的孔径相同，加工过程中不需要换刀，所以 ϕ25mm 的钻头可在加工前安装好(对刀、测长)，程序中可不考虑刀具代码及刀具长度补偿问题。

另外，钢板上 15 个孔的孔间距相同，可考虑使用重复调用参数 L。假设程序开始时，钻头的刀尖位于图 5.14 所示的零件坐标系(0，0，300)处，则可编制加工程序如下：

```
N01 G90 G92 X0 Y0
N02 G00 Z20
```

```
N03 G00 Y50. S500 M03 M08
N04 G91 G99 G81 X50. Z-10. R-17. L5 F80
N05 G90 G00 X0 Y100. Z20
N06 G91 G99 G81 X50. Z-10. R-17. L5 F80
N07 G90 G00 X0 Y150. Z20
N08 G91 G99 G81
N09 G80 M09 M05
N10 G90 G00 X0 Y0 Z300
N11 M30
```

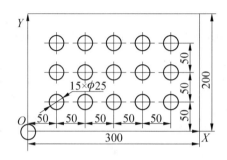

图 5.14　例 5.5

【例 5.6】　编写如图 5.15 所示的数孔钻镗加工程序。

(1) 建立零件坐标系：

程序起点在(-30，0，10)处。图 5.15(a)、(b)所示零件坐标系原点在零件上表面的左下角。程序起点(对刀、换刀点)在零件坐标系的(-30，0，10)处，零件装夹方案如图 5.15(c)所示。

(2) 安排加工工序：

① 用中心钻定各孔的中心位置，以免钻头钻歪；再用ϕ5mm 的钻头钻 5 个通孔，最后用 M6mm 的丝锥攻两个螺纹孔。3 把刀具在加工前均测好装卡长度，实际加工中换刀时，由机床操作人员输入相应的刀具长度补偿值。程序单中不考虑每把刀具的长度补偿代码。

② 用ϕ5mm 钻头钻 5 个通孔；

③ 用 M6mm 丝锥攻两个螺纹孔；

(3) 安排加工路线：

① 中心钻(T01)由程序起点 1→2→3→4→5，各钻深 1mm 定位孔后，返回换刀点。

② 换ϕ5mm 钻头(T02)，由程序起点 1→2→3→4→5，钻 5 个通孔，返回换刀点。

③ 换 M6mm 丝锥(T03)，由程序起点 5→4，攻螺纹，返回换刀点。

(4) 确定切削用量

T01 主轴转速 S800(r/min)，

钻孔进给速度 F60(mm/min)；

T02 主轴转速 S500(r/min)，

钻孔进给速度 F50(mm/min)；

T03 主轴转速 S400(r/min)，钻孔进给速度 F1.2(mm/r)，螺距为 1.2mm。

```
N1 T01 M06                              //用中心钻
N2 G90 G92 X-30. Y0 Z10
```

```
N3  G00 X20
N4  M03 S800 M08
N5  G91 G99 G81 Y20. Z-4. R-7. L3 F60        //钻1mm深的定位孔1、2、3
N6  G90 G00 X60. Y67
N7  G99 G81 Z-11. R-7. F60                    //钻1mm深的定位孔4
N8  G98 Y13                                   //钻1mm深的定位孔5
N9  G80 M09 M05
N10 G00 X-30. Y0 Z10
N11 T02 M06                                   //换φ5mm的钻头
N12 G00 X20
N13 M03 S500 M08
N14 G91 G99 G81 Y20. Z-24. R-7. L3 F50       //钻通孔1, 2, 3
N15 G90 G00 X60. Y67
N16 G99 G81 Z-21 R-7. F50                     //钻通孔4
N17 G98 Y13                                   //钻通孔5
N18 G80 M09 M05
N19 G00 X-30. Y0 Z10
N20 T03 M06                                   //换M6mm的丝锥
N21 G00 X60. Y13
N22 M03 S400 M08
N23 G84 Z-21. R-7. F1.2                       //5号孔攻螺纹
N24 Y67                                        //4号孔攻螺纹
N25 G80 M05 M09
N26 G00 X-30. Y0 Z10
N27 M02
```

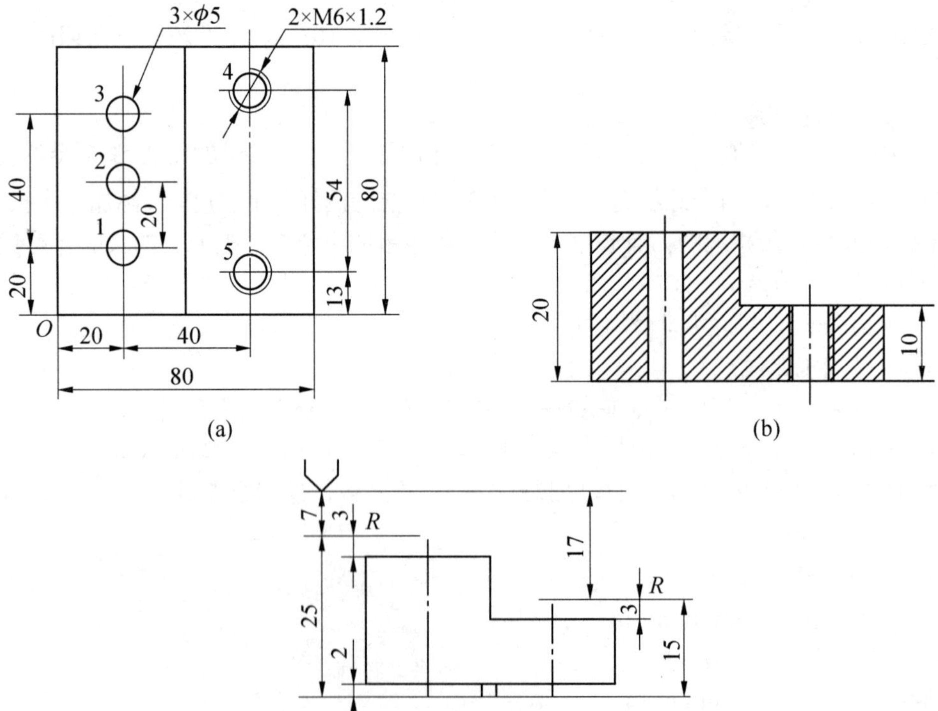

图 5.15　例 5.6

5.3　数控加工中心概述

数控铣床中，已对常用准备功能和辅助功能作了详细介绍，这些编程方法多数可用于加工中心编程。加工中心是带有刀库和换刀装置的数控铣床。

5.3.1　加工中心的主要功能及加工对象

1. 数控加工中心的主要功能

加工中心是一种集铣床、钻床和镗床 3 种机床功能于一体，由计算机控制的高效、高自动化程度的机床，其特点是数控系统能控制机床自动更换刀具，零件经一次装夹后能连续地对各加工表面自动进行铣、钻、扩、铰、攻螺纹等多种工序的加工。

2. 数控加工中心的主要加工对象

加工中心适用于加工形状复杂、工序多、精度要求较高、需用多种类型的普通机床和众多刀具、夹具且经多次装夹和调整才能完成加工的零件，下面介绍一下适合加工中心加工零件的种类。

(1) 箱体类零件。箱体类零件一般是指具有孔系和平面，内有一定型腔，在长、宽、高方向有一定比例的零件，如汽车的发动机缸体、变速器箱体、机床主轴箱、齿轮泵壳体等。

箱体类零件一般都需要进行多工位孔系及平面加工，精度要求较高，特别是形状精度和位置精度要求严格，通常要经过铣、钻、扩、镗、铰、锪、攻螺纹等工序加工，需用刀具较多。此类零件在加工中心上加工，一次装夹可加工普通机床 60%～95%的工序内容，零件各项精度一致性好，质量稳定，同时节省费用，周期短。

(2) 带复杂曲面的零件。零件上的复杂曲面用加工中心加工时，与数控铣削加工基本是一样的，所不同的是加工中心刀具可以自动更换，工艺范围更宽。

(3) 异形件。异形件是外形不规则的零件，大都需要点、线、面多工位混合加工。用加工中心加工时，利用加工中心多工位点、线、面混合加工的特点，通过采取合理的工艺措施，经一次或二次装夹，即能完成多道工序或全部的工序内容。加工异形件时，形状越复杂，精度要求越高，使用加工中心越能显示优越性。

(4) 盘、套、轴、板、壳体类零件。带有键槽、径向孔或端面有分布的孔系及曲面的盘、套或轴类零件，适合在加工中心上加工。

5.3.2　加工中心的分类

常用的加工中心一般分 4 种类型：数控立式加工中心、数控卧式加工中心、数控复合加工中心、数控龙门加工中心。

1. 数控立式加工中心

数控立式加工中心主轴垂直于工作台，特点是装夹零件方便，便于操作、观察，适宜加工板材类、壳体类等高度方向尺寸相对较小的零件。

数控立式加工中心如图 5.16 所示。

2. 数控卧式加工中心

数控卧式加工中心如图 5.17 所示，其主轴是水平设置的，工作台是具有精确分度的数控回转工作台，可实现零件一次装夹的多工位加工，定位精度高，适合箱体类零件的批量加工，但装夹不方便，观察不便，且体积大，价格高。

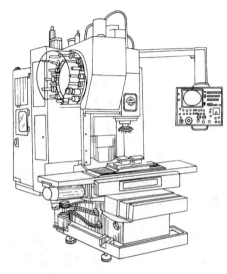

图 5.16　数控立式加工中心

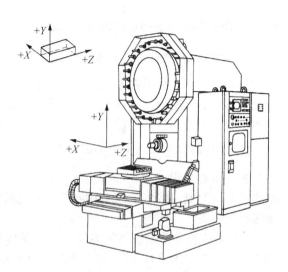

图 5.17　数控卧式加工中心

3. 数控复合加工中心

数控复合加工中心是指在一台加工中心上有立、卧两个主轴或主轴可 90° 改变角度，即由立式改为卧式，或由卧式改为立式，如图 5.18 所示。主轴自动回转后，在零件一次装夹中可实现顶面和四周侧面共五个面的加工。复合加工中心主要适用于加工外观复杂、轮廓曲线复杂的小型零件，如叶轮片、螺旋桨及各种复杂模具。

4. 数控龙门加工中心

数控龙门加工中心如图 5.19 所示，是指在数控龙门铣床基础上加装刀具库和换刀机械手，以实现自动换刀功能，达到比数控铣床更广泛的应用范围。

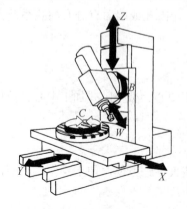

图 5.18　数控复合加工中心

图 5.19　数控龙门加工中心

　　不同类型的加工中心，配备的数控系统将会有所不同，其加工指令代码的意义及程序格式均可能存在着差异。本章仅对加工中心编程的一般特点，说明加工中心程序编制的方法与步骤，实际工作中应严格按照数控系统说明书规定的格式执行。

5.4　数控加工中心编程的特点

　　加工中心将数控铣、数控钻镗的功能集于一身，并装有刀具库及自动换刀装置，所以加工中心程序的编制比功能单一的数控机床要复杂得多，这里仅介绍一般的方法步骤及常用的指令代码。

5.4.1　一般编程的方法步骤

1. 合理的工艺分析

　　由于用加工中心进行零件加工的工序较多，使用的刀具种类多，往往在一次装夹下，要完成粗加工、半精加工和精加工的全部工序，所以在进行工艺分析时，要从加工精度和加工效率两个方面来考虑。理想的加工工艺不仅能保证加工零件合格，还应使加工中心的功能得到合理的应用和充分发挥。

2. 要留出足够的换刀空间

　　因为刀库中刀具的直径和长度不可能相同，自动换刀时要注意，避免与零件相撞，换刀位置宜设在远离零件的机床原点或机床参考点。

3. 合理地安装刀具

　　根据加工工艺，按各个工序的先后顺序，合理地把预测好直径、装卡长度的刀具按顺序装备在刀具库中，保证每把刀具安装在主轴上之后，一次完成所需的全部加工，避免二次重复选用。编程人员应将所用刀具详细填写刀具卡片，以便机床操作人员在程序运行前，根据实际加工状况，及时修改刀具补偿参数。

4. 加工程序应便于检查和调试

　　在编写加工程序单时，可将各个不同的工序写成不同的子程序，主程序主要完成换刀和子程序的调用。这样便于每一道工序独立进行程序调试，也便于因加工顺序不合理而作出重新调整。

5. 校验加工程序

　　对编制好的加工程序要进行检查校验，可由机床操作人员选用"试运行"开关进行。主要检查刀具、夹具、零件之间是否发生干涉碰撞，加工切削是否到位等。

5.4.2　加工中心常用指令代码

1. 坐标系选择指令

　　数控铣、数控钻镗编程中介绍的准备功能代码(G)和辅助功能代码(M)在加工中心编程中依然有效。由于加工中心可进行多工位加工，并频繁地自动换刀，故常在一个程序中用到多个坐标系和换刀及刀具长度补偿指令。

前面已经介绍过，G92、G54～G59 为建立零件坐标系指令。机床一旦开机回零，监视屏即显示主轴上刀具卡盘端面中心在机床坐标系中的即时位置，而程序员是按零件坐标系编写加工程序的，故需要 G92 或 G54～G59 指令建立工作坐标系与机床坐标系偏置位置关系。

1) G92 零件坐标系指令

使用 G92 时，操作人员必须在机床回零后，通过碰刀的方式预先测出刀具中心相对于零件坐标系原点的偏置量，并由程序员编入程序中，如图 5.20 所示，指令 G92 X400. Y200. Z300. 即建立了零件坐标系与机床坐标系的偏置关系，也指出了刀具中心在零件坐标系中的当前位置，即程序中刀具的起点位置。

2) 零件坐标系指令

如图 5.20 所示，用 G54～G59 等指令建立坐标系时，程序员不需要预先知道当前刀具中心相对于零件坐标系的位置关系，可直接按零件坐标系原点编程。加工时，由机床操作人员按程序员所设定的各零件局部坐标系原点在机床坐标系中的不同位置，分别输入到与 G54～G59 相对应的偏置寄存器中。程序中若使用 G54 所设的零件坐标系时，只需在位置坐标前直接写 G54 即可，数控系统会自动调出 G54 偏置寄存器中存放的偏置量，建立起当前零件坐标系与机床坐标的相对位置关系。加工中心编程时，常使用 G54～G59 指令来指定零件坐标系。

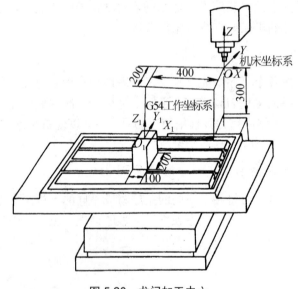

图 5.20 龙门加工中心

2. 刀具功能指令

1) 刀具选择指令

刀具的选择是把刀库上指定了刀号的刀具转到换刀位置，为下次换刀做好准备。这一动作的实现是通过 T 功能指令来实现的。

T 功能指令用"T××"表示，如选用一号刀，则写为"T01"。

2) 换刀指令

换刀指令由 T、M06 构成。

T_ 为选刀指令，一般为 T00～T99，T00 为刀具库中的空刀位，不安装刀具。一般在加工程序结束前，要把主轴上的刀送回刀具库中，执行 T00 M06 即可。T01～T99 为 1～99 号刀具位置。如果要用 3 号刀，则 T03 的功能就是把刀具库中 3 号刀位上的刀转至待取位置。M06 为换刀指令，当执行 M06 时，自动换刀装置把待取位置上的刀与主轴上的刀同时取下并相互交换位置。一般选刀和换刀分开执行，选刀动作可与机床加工同时进行，即利用切削时间选好刀具；换刀必须在主轴停转条件下进行，因此换刀动作指令 M06 必须编在用"新刀"进行加工的程序段之前，等换上"新刀"启动主轴后，方可进行下面程序段的加工。

一般加工中心换刀前要执行 G28 指令，使主轴刀具卡盘端面中心返回机床参考点。机床参考点是数控机床上一个固定的基准点。有的机床其机床坐标系的原点与机床参考点为同一位置，有的机床参考点与机床坐标系原点不重合，还有的机床具有多个机床参考点。通常机床执行回零操作时，主轴上刀具卡盘的端面中心也同时返回机床参考点。在执行 G28 指令前，必须取消刀具的半径补偿和长度补偿。G28 的使用格式如下：

```
 G53 G28 X_ Y_ Z_
```

其中，G53 为机床坐标系指令，X_Y_Z_为机床坐标系中的位置坐标，该指令的意义是刀具经过中间点 X_Y_Z_返回机床的参考点，X_Y_Z_是刀具回机床参考点途中必须经过的中间位置。如要换 T03 作为下一工序的使用刀具，其指令程序段为

```
 T03//选 T03 号刀具
 ...
 G40 G49//换刀前取消当前使用刀具(非 T03 号刀)的半径补偿和长度补偿
 G53 G28 Z0 M06//通过机床坐标系 Z 轴零点返回机床参数点，执行换刀动作 M06，把 T03 装在
```
主轴上。

注意：G53 指令仅在当前程序段有效。数控系统不一样，返回参考点的指令也不尽相同，一般 FANUC 系列使用 G28 指令回机床参考点，有的数控系统可能会使用其他代码作为返回机床参考点的指令。实际编程中以数控系统说明书的规定为准。

3) 刀具长度补偿

刀具中心运行时要经常变换刀具，而每把刀具的长度是不可能完全相同的，所以在程序运行前，要事先测出所有刀具在装卡后刀尖至 Z 轴机械原点校准面的距离即装卡高度，并分别存入相应的刀具长度补偿地址 H_中，程序中在更换刀具时，只需使用刀具长度补偿指令并给出刀具长度的补偿地址代码。关于长度补偿指令有 3 个：G43、G44、G49(见第 4 章刀具长度补偿)。

G43 是刀具长度正补偿指令，即把刀具向上抬；G44 是刀具长度负补偿指令，即把刀具向下降；G49 是取消刀具补偿指令(在更换刀具前应取消刀具长度补偿状况)。

5.5　数控加工中心编程实例

【例 5.7】　图 5.21(a)为成形零件图，图 5.21(b)为加工坯料图，编制加工程序。工艺过程可分为以下几步：先用中心钻、钻头、锪刀进行孔加工，再对中间凸台盘部分进行粗、精加工，精加工余量为 0.5mm，其中 4 段 $R39$mm 圆弧可用镜像编程，4 个缺口可考虑用子程序调用方式处理。需要进行数值计算的是 4 段 $R39$mm 圆弧的圆心，因是对称的，故仅计算处于第一象限的圆弧的圆心即可。

程序编制步骤：

(1) 数值计算：

零件坐标系原点设在零件上表面对称中心，由零件图图 5.21(a)可知，$R39$ 圆弧的圆心距零件坐标系原点为 80，且位于 X 轴、Y 轴夹角的平分线上。设圆心坐标为(X_R, Y_R)，则

$$X_R=Y_R=80\cos45°=56.569$$

(2) 加工工序：

① 用中心钻按零件图 5.21(a)所示的 5 个孔中心位置钻 5 个定位孔，深 1mm。

② 用 $\phi14$mm 的钻头在 5 个定位孔的基础上钻 5 个通孔。

③ 用 $\phi20$mm 的锪刀，锪 4 个沉头孔，深度为 2mm。

④ 用 $\phi33$mm 的锪刀，锪中心孔，深度为 9mm。

⑤ 用 $\phi16$mm 的立铣刀粗、精加工中间凸台部分，每次切削深度 ≤2mm，粗加工留 0.5mm 的余量。

⑥ 用 $\phi10$mm 的立铣刀加工凸台上的 4 个豁口及中心方孔。

(3) 刀具卡片：

刀具卡片如表 5-1 所示。

表 5-1　刀具卡片

刀具代码	刀具名称	刀具装卡长度/mm	长度补偿代码与补偿值/mm	刀具直径/mm	半径补偿代码与补偿值/mm	主轴转速/(r/min)	进给速度/(mm/min)
T01	$\phi3$mm 中心钻	30.85	H01　30.85			S800	F50
T02	$\phi14$mm 钻头	60.21	H02　60.21			S600	F50
T03	$\phi20$mm 锪刀	40.73	H03　40.73			S500	F60
T04	$\phi33$mm 锪刀	50.86	H04　50.86			S300	F60
T05	$\phi16$mm 立铣刀	150.49	H05 150.49	$\phi16.02$	D51 10.01 D52　8.51 D53　8.01	S500	F100
T06	$\phi10$mm 立铣刀	120.18	H06 120.18	$\phi10$	D61　5	S800	F60

注：1. 对于孔加工类的刀具不需要填写直径测量值；

　　2. $\phi16$mm 立铣刀用 3 个半径补偿值，D51 代码的补偿值为 10.01mm，指刀具沿径向切入 2mm；D52 代码的补偿值为 8.51mm，是为了留出 0.5mm 的加工余量；D53 代码的补偿值为 8.01mm，是精加工时刀具半径的实际补偿值。

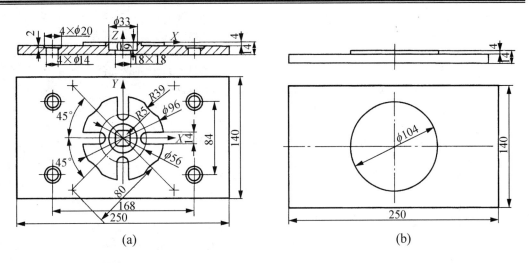

图 5.21　零件示意

(4) 程序清单：

```
N01 G90 T01
N02 G53 G28 Z0 M06
N03 G54 G00 G43 H01 Z20
N04 S800 M03 T02
N05 G99 G81 X0 Y0 Z-1. R3. F50      //用1号刀钻5个定位孔
N06 Z-5. M98 P0001
N07 G80 M05 G49
N08 G53 G28 Z0 M06
N09 G54 G43 H02 G00 Z20
N10 S600 M03 T03
N11 G99 G81 X0 Y0 Z-16. R3. F50     //用2号刀钻5个φ14mm的通孔
N12 M98 P0001
N13 G80 M05 G49
N14 G53 G28 Z0 M6
N15 G54 G00 X0 Y0
N16 G43 H03 Z20
N17 S500 M03 T04
N18 G99 G82 Z-6 R3. P1000 F60       //用3号刀锪φ33mm的中心沉头孔
N19 M98 P0001
N20 G80 G49 M05
N21 G53 G28 Z0 M06
N22 G54 G00 G43 H04 Z20
N23 S300 M03 T05
N24 G98 G82 X0 Y0 Z-9 R3. P1000 F60 //用4号刀锪φ33mm的中心沉头孔
N25 G80 G49 M05
N26 G53 G28 Z0 M06
N27 G54 G00 X0 Y-70                 //用5号刀粗铣φ96mm的凸圆台
N28 G00 G43 H05 Z-2                 //切深2mm
N29 S500 M03 T06
```

```
N30 G01 G41 D51 X22. F100            //径向切入2mm
N31 M98 P0002                        //粗铣φ100mm的凸圆台
N32 G01 G41 D52 X22. F100            //径向切入3.5mm
N33 M98 P0002                        //粗铣φ97mm的凸圆台
N34 G01 Z-4. F50                     //切深2mm
N35 G01 G41 D51 X22. F100            //径向切入2mm
N36 M98 P0002
N37 G01 G41 D52 X22. F100            //径向切入3.5mm
N38 M98 P0002
N39 G01 G41 D53 X22. F100            //粗铣φ96的凸圆台
N40 M98 P0002
N41 G00 Z3
N42 M98 P0003                        //铣第一象限R39的圆弧
N43 M21 M98 P0003                    //铣第二象限R39的圆弧
N44 M22 M98 P0003                    //铣第三象限R39的圆弧
N45 M23
N46 M22 M98 P0003                    //铣第四象限R39的圆弧
N47 M23
N48 G49 M05
N49 G53 G28 Z0 M06                   //换用6号刀
N50 G54 G00 X60 .Y0
N51 G43 H06 Z-2                      //切深2mm
N52 S800 M03 T00
N53 M98 P0004                        //铣右边横槽
N54 G01 Z-4. F100                    //切深4mm
N55 M98 P0004                        //铣右边横槽
N56 G00 X-60. Y0
N57 Z-2                              //分层铣左边横槽
N58 M21 M98 P0004
N59 G01 Z-4. F100
N60 M98 P0004
N61 M23
N62 G00 X0 Y60
N63 Z-2                              //分层铣上边竖槽
N64 M98 P0005
N65 G01 Z-4. F100
N66 M98 P0005
N67 G00 X0 Y-60
N68 Z-2
N69 M22 M98 P0005
N70 G01 Z-4. F100
N71 M98 P0005
N72 M23
N73 G00 X0 Y0
N74 Z-5
N75 G01 G41 D61 X9. F60              //粗铣中心方孔
N76 Y9
```

```
N77 X-9
N78 Y-9
N79 X9
N80 Y0
N81 G03 X3. Y6. I-6. J0          //走弧线收刀
N82 G40 G00 X0 Y0 M05
N83 G00 Z20
N84 G49
N85 G53 G28 Z0 M06               //6 号刀回刀库
N86 M30

O0001                            //4 个角孔的中心位置
N10 X84.Y42
N20 X-84
N30 Y-42
N40 G98 X84
N50 M99

O0002                            //$\phi$ 96 的凸台圆周的切削
N10 G03 X0 Y-48. I-22.J0
N20 G02 I0 J48
N30 G03 X-22. Y-70. I0.J-22
N40 G40 G00 X0
N50 M99

O0003                            //R39mm 弧段的加工
N10 G00 X56.569 Y56.569
N20 G01 Z-4 F50
N30 G91 G41 D53 X-39.F200
N40 G03 X39. Y-39. I39.J0 F100
N50 G00 Z3
N60 G90 G40
N70 M99

O0004                            //凸台上横槽的切削
N10 G00 G41 D61 X50. Y7
N20 G01 X28. F60
N30 G03 Y-7. I0J-7
N40 G01 X50
N50 G00 G40 X60. Y0
N60 Z10
N70 M99

O0005                            //凸台上竖槽的切削
N10 G00 G41 D61 Y50. X-7
N20 G01 Y28. F60
N30 G03 X7. I7.J0
```

```
N40 G01 Y50
N50 G00 G40 X0 Y60
N60 Z10
N70 M99
```

思考与练习

1. G73 与 G83 有何区别？加工时应注意的主要事项？

2. G81 与 G82 有何区别于联系？如何运用其编程？

3. 试编写图 5.22 所示零件中孔加工程序？

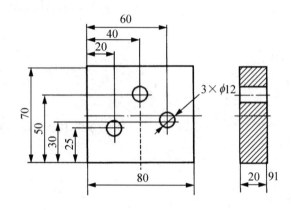

图 5.22　习题 3

4. 试述 G76 的加工动作？

5. 试编写图 5.23 所示零件中孔加工程序。

6. 选用适当的加工方法，试编写图 5.24 所示零件中孔加工程序。

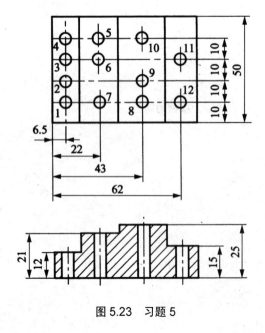

图 5.23　习题 5

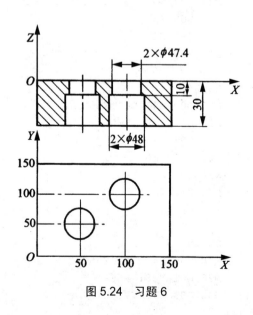

图 5.24　习题 6

7．选用适当的加工方法，试编写图 5.25 所示零件中孔加工程序。

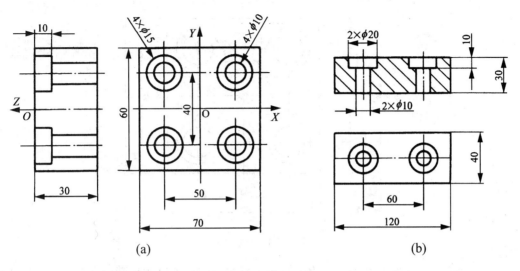

图 5.25　习题 7

8．加工中心有什么特点？

9．加工中心的编程特点是什么？

10．试述加工中心的编程步骤。

11．加工中心换刀指令是什么？说明编程时怎样换刀？

12．加工中心编程与数控铣床编程有何区别？

13．选用合适刀具，加工图 5.26 所示的零件。要求精铣上端面，并完成 4 个沉头螺孔的加工。

14．如图 5.27 所示零件，试用加工中心编程。

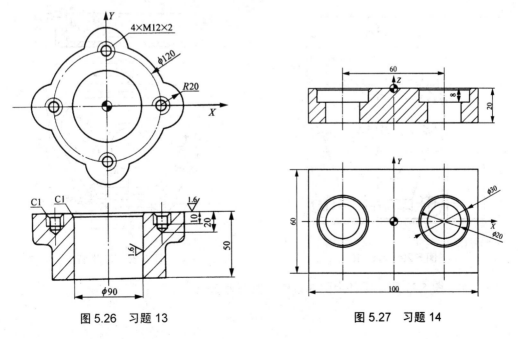

图 5.26　习题 13　　　　　　　　图 5.27　习题 14

15. 精铣图 5.28 所示零件中深 5mm 的内轮廓并完成 4 个盲孔的加工。

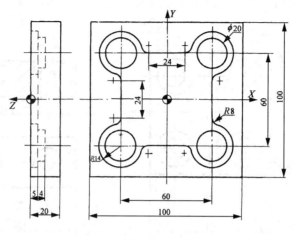

图 5.28　习题 15

16. 加工零件如图 5.29 所示。毛坯是经过预先铣削加工过的规则铝合金材料，尺寸为 96mm×96mm×50mm。要求根据图样要求，作出加工方案，填写刀具卡片及编写程序清单。

17. 图 5.30 是一个壳体零件简图，加工部位是：铣削上表面，铣宽 10mm、深 6mm 的槽，加工 4 个 M10×1.5 的螺纹孔。要求写出加工工序、刀具卡片及程序清单。

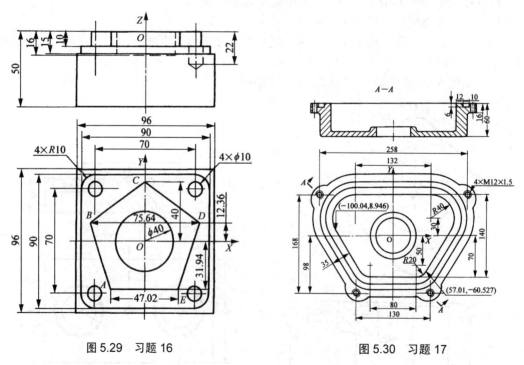

图 5.29　习题 16　　　　　　　　图 5.30　习题 17

18. 加工图 5.31 所示零件上的 3 条槽，槽深为 2mm。

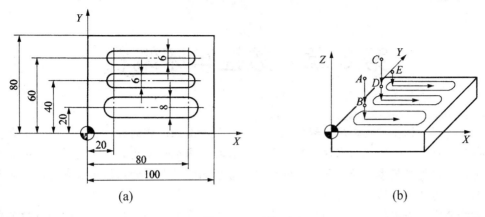

(a)　　　　　　　　　(b)

图 5.31　习题 18

19．利用加工中心对如图 5.32 所示齿轮泵泵盖进行加工。

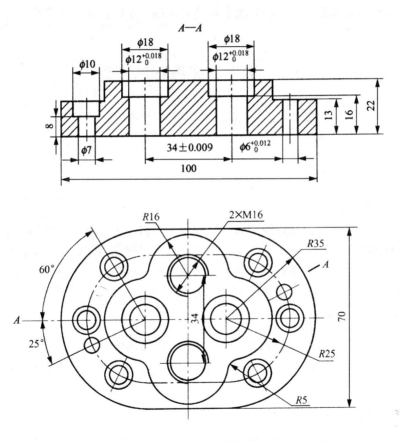

图 5.32　习题 19

第 6 章　数控车床编程

教学提示： 根据数控车床编程特点的不同，数控车床编程的方法也不同，突出数控车床的编程特征，以满足不同零件编程的需要。数控车床编程系统的工作过程强调对编程参数的选择，典型工艺参数的选取，通常由选择合理的数控车床的功能指令来描述，即采用数控车床语句结构的格式来实现。

教学要求： 根据数控车床的结构特点，数控车床有不同的编程方法，明确数控车床对编程语句结构的要求；典型语句描述的含义，重点理解数控车床 $X—Z$ 轴编程与工作原理的概念，包括数控车床基本程序编程的理解，数控车床基本程序指令的理解、掌握数控车床基本程序编程的基本原理、掌握数控车床典型程序编程的特点，并能灵活的应用。

6.1　数控车床编程的基础

数控车床按其功能分为简易数控车床、经济型数控车床、多功能数控车床和车削中心等，它们在功能上差别较大。

6.1.1　数控车床的主要功能

1. 简易数控车床

简易数控车床是一种低档数控车床，一般用单板机或单片机进行控制。单板机不能存储程序，所以切断一次电源就得重新输入程序，且抗干扰能力差，不便于扩展功能，目前已很少采用。单片机可以存储程序，它的程序可以使用可变程序段格式，这种车床没有刀尖圆弧半径自动补偿功能，编程时计算比较繁琐。

2. 经济型数控车床

经济型数控车床是中档数控车床，一般具有单色显示的 CRT、程序储存和编辑功能。它的缺点是没有恒线速度切削功能，刀尖圆弧半径自动补偿不是它的基本功能，而属于选择功能范围。

3. 多功能数控车床

多功能数控车床是指较高档的数控车床，这类机床一般具备刀尖圆弧半径自动补偿、恒线速度切削、倒角、固定循环、螺纹切削、图形显示、用户宏程序等功能。

4. 车削中心

车削中心的主体是数控车床，配有刀库和机械手，与数控车床单机相比，自动选择和使用的刀具数量大大增加。卧式车削中心还具备如下两种功能：一是动力刀具功能，即刀架上某一刀位或所有刀位可使用回转刀具,如铣刀和钻头;另一种是 C 轴位置控制功能,该功能能达到很高的角度定位分辨率(一般为 0.001°),还能使主轴和卡盘按进给脉冲作任意低速的回转,这样车床就具有 X、Z 和 C 三坐标,可实现三坐标两联动控制。例如圆柱铣刀轴向安装,X-C 坐标联动就可以铣削零件端面;圆柱铣刀径向安装,Z-C 坐标联动,就可以在零件外径上铣削。可见车削中心能铣削凸轮槽和螺旋槽。近年出现的双轴车削中心,在一个主轴进行加工结束后,无需停机,零件被转移至另一主轴加工另一端,加工完毕后,零件除了去毛刺以外,不需要其他的补充加工。

6.1.2　工艺装备特点

1. 对刀具的要求

(1) 刀具结构。数控车床应尽可能使用机夹刀具,以减少换刀时间和方便对刀,机夹刀具的刀体制造精度较高。由于机夹刀具在数控车床上安装时,一般不采用垫片调整刀尖高度,所以刀尖高的精度在制造时就应得到保证。对于长径比例较大的内径刀杆,应具有良好的抗振结构。

(2) 刀具强度、耐用度。数控车床能兼作粗精车削,为使粗车时能大切深、大进给,要求粗车刀具强度高、耐用度好;而精车需要保证加工精度,所以要求刀具锋利、精度高、耐用度好。对刀片,多数情况下应采用涂层硬质合金刀片。刀片涂层增加成本不到一倍,在较高切削速度时(大于 100m/min)可以使刀片耐用度提高两倍以上。

(3) 刀片断屑槽。数控车床切削一般在封闭环境中进行,要求刀具具有良好的断屑性能,断屑范围要宽,一般采用三维断屑槽,其形式很多,选择时应根据零件的材料特点及精度要求来确定。

2. 对刀座的要求

刀具很少直接装在数控车床刀架上,它们一般通过刀座作过渡。刀座的结构应根据刀具的形状、刀架的外形和刀架对主轴的配置形式来决定。现在刀座的种类繁多,标准化程度低,用户选型时应尽量减少种类、型式,以利管理。

3. 数控车床可转位刀具特点

数控车床所采用的可转位车刀,与通用车床相比一般无本质的区别,其基本结构、功能特点是相同的,但数控车床的加工工序是自动完成的,因此对可转位车刀的要求又有别于通用车床所使用的刀具,具体要求和特点如表 6-1 所示。

表 6-1　可转位车刀特点

要　求	特　　点	目　　的
精度高	(1) 采用 M 级或更高精度等级的刀片 (2) 多采用精密的刀杆 (3) 用带微调装置的刀杆在机外预调好	保证刀片重复定位精度,方便坐标设定,保证刀尖位置精度
可靠性高	(1) 采用断屑可靠性高的断屑槽形或有断屑台和断屑器的车刀 (2) 采用结构可靠的车刀,采用复合式夹紧结构和夹紧可靠的其他结构	(1) 断屑稳定,不能有紊乱和带状切屑 (2) 适应刀架快速移动和换位以及整个自动切削过程中夹紧不得有松动的要求

要　　求	特　　点	目　　的
换刀迅速	(1) 采用车削工具系统 (2) 采用快换小刀夹	迅速更换不同形式的切削部件，完成多种切削加工，提高生产效率
刀片材料	较多采用涂层刀片	满足生产节拍要求，提高加工效率
刀杆截形	较多采用正方形刀杆，但因刀架系统结构差异大，有的需采用专用刀杆	刀杆与刀架系统区配

6.1.3 对刀

在数控车削加工中，应首先确定零件的加工原点，以建立准确的加工坐标系；同时，还要考虑刀具的不同尺寸对加工的影响。这些都需要通过对刀来解决。

1. 一般对刀

一般对刀是指在机床上作手动对刀。数控车床所用的位置检测器分相对式和绝对式两种，下面介绍采用相对位置检测器的对刀过程，这里以 Z 向为例说明对刀方法，如图 6.1 所示。设图中端面刀是第 1 把刀，内径刀为第 2 把刀，由于是相对位置检测，需要用 G50 进行加工坐标系设定(见本章 6.2 节)。假定程序原点设在零件左端面，如果以刀尖点为编程点，则坐标系设定中的 Z 向数据为 L_1，这时可以将刀架向左移动并将右端面光切一刀，测出车削过后的零件长度 N 值，并将 Z 向显示值置零，再把刀架移回到起始位置，此时的 Z 向显示值就是 M 值，N 加 M 即为 L_1。这种以刀尖为编程点的方式应将第 1 把刀的刀具补偿设定为零，接着用同样方法测出第 2 把刀的 L_2 值，L_2 减 L_1；是第 2 把刀对第 1 把刀的 Z 向位置差，此处是负值。如果程序中第 1 把刀转为第 2 把刀时不变换坐标，那么第 2 把刀的 Z 向刀补值应设定为 $-\Delta L$ 。

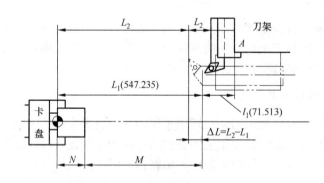

图 6.1 采用相对位置检测器车刀的对刀

手动对刀的基础仍然是通过试切零件来对刀，它还没跳出传统车床的"试切—测量—调整"对刀模式，手动对刀要较多地占用机床时间，此方法用在数控车床上较为落后。

2. 机外对刀仪对刀

机外对刀的本质是测量出刀具假想刀尖点到刀具台基准之间在 X 及 Z 方向的距离，即刀具 X 和 Z 向的长度。利用机外对刀仪可将刀具预先在机床外校对好，以便装上机床即可使用。图 6.2 所示是一种比较典型的机外对刀仪，它适用于各种数控车床，针对某台具体的数控车床，应制作相应的对刀刀具台，将其安装在刀具台安装座上。这个对刀刀具台与刀座的连接结构及尺寸，应与机床刀架相应结构及尺寸相同，甚至制造精度也要求与机床刀架该部位一样。此外，还应制作一个刀座、刀具联合体(也可将刀具焊接在刀座上)，作为调整对刀仪的基准。把此联合体装在机床刀架上，尽可能精确地对出 X 及 Z 向的长度，并将这两个值刻在联合体表面。对刀仪使用若干时间后就应装上这个联合体作一次调整。

机外对刀的大体顺序是：将刀具随同刀座一起紧固在对刀刀具台上，摇动 X 向和 Z 向进给手柄，使移动部件载着投影放大镜沿着两个方向移动，直至假想刀尖点与放大镜中十字线交点重合为止，如图 6.3 所示。这时通过 X 和 Z 向的微型读数器分别读出 X 和 Z 向的长度值，就是这把刀具的对刀长度。如果这把刀具立即使用，那么将它连同刀座一起装到机床某刀位上之后，将对刀长度输到相应刀具补偿号或程序中就可以了。如果这把刀是备用的，应做好记录。

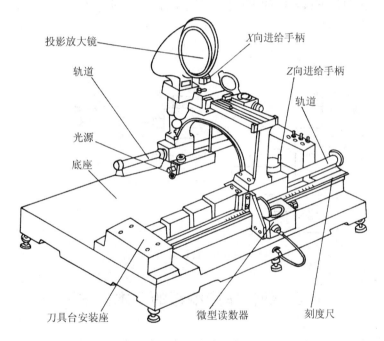

图 6.2　机外对刀仪

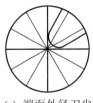

(a) 端面外径刀尖

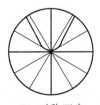

(b) 对称刀尖

(c) 端面内径刀尖

图 6.3　刀尖在放大镜中的对刀投影

3. ATC 对刀

ATC 对刀是在机床上利用对刀显微镜自动地计算出车刀长度的简称。对刀镜与支架不用时取下，需要对刀时才装到主轴箱上。对刀时，用手动方式将刀尖移到对刀镜的视野内，再用手动脉冲发生器微量移动刀架使假想刀尖点与对刀镜内的中心点重合，如图 6.3 所示，再将光标移到相应刀具补偿号，并按"自动计算(对刀)"按键，这把刀两个方向的长度就被自动计算出来并自动存入它的刀具补偿号中。

4. 自动对刀

使用对刀镜作机外对刀和机内对刀，可以不用试切零件，所以与手动对刀比确有进步，但由于整个过程基本上还是手工操作，所以仍属于手工对刀的范畴。自动对刀又称刀具检测功能，是利用数控系统自动精确地测量出刀具两个坐标方向的长度，并自动修正刀具补偿值，然后直接开始加工零件。自动对刀是通过刀尖检测系统实现的，如图 6.4 所示，刀尖随刀架向已设定了位置的接触式传感器缓缓行进并与之接触，直到内部电路接通发出电信号，数控系统立即记下该瞬时的坐标值，接着将此值与设定值作比较，并自动修正刀具补偿值。

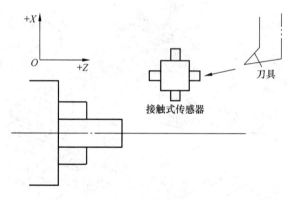

图 6.4　自动对刀

6.2　数控车床编程的基本方法

本节着重介绍配置 FANUC－OTJ 数控系统进行车削加工所特有的程序编制方法。

6.2.1　F 功能

(1) 在 G95 码状态下，F 后面的数值表示的是主轴每转的切削进给量或切螺纹时的螺距，在数控车床上这种进给量指令方法使用得较多。

指令格式：G95　F_

例如：G95 F0.5　或(F500)表示进给量 0.5mm/r；

G95 F1.0(或 F1000)表示进给量 1.0mm/r。

(2) 在 G94 码状态下，表示每分钟进给量。

指令格式：G94 F_ (注：按 JB 3208—1983 准备功能 G 代码标准编程的)

例如：G94 F200 表示进给量为 200mm/min。

6.2.2　S功能

1．主轴最高转速限制(G50)

指令格式：G50 S_
例如：G50 S1800 表示最高转速为 1800r/min。

2．恒线速度控制(G96)

指令格式：G96 S_
例如：G96 S150 表示控制主轴转速，使切削点的线速度始终保持在 150m／min。由线速度可求得主轴转速

$$n = 1000v/\pi d$$

式中，v 为线速度(m/min)；

　　　　d 为切削点的直径(mm)；

　　　　n 为主轴转速(r/min)。

对图 6.5 所示的切削零件，为保持 A、B、C 各点的线速度一致，则在每点的主轴转速分别为

$$n_A = 1000\times150/(\pi\times40)\mathrm{r}/\min = 1193\mathrm{r}/\min$$
$$n_B = 1000\times150/(\pi\times60)\mathrm{r}/\min = 795\mathrm{r}/\min$$
$$n_C = 1000\times150/(\pi\times70)\mathrm{r}/\min = 682\mathrm{r}/\min$$

上述主轴转速的变化是由数控系统自动控制的。

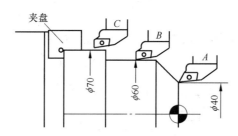

图 6.5　恒线速度车削方式

3．恒线速度取消(G97)

指令格式：G97 S_
例如：G97 S1000 表示主轴转速为 1000r／min。
当由 G96 转为 G97 时，应对 S 指令赋值，未指令时，将保留 G96 指令的最终值。
当由 G97 转为 G96 时，若没有 S 指令，则按前一 G96 所赋 S 值进行恒线速度控制。

6.2.3　T功能

T 后面有 4 位数值，前两位是刀具号，后两位既是刀具长度补偿号，又是刀尖圆弧半径补偿号。例如 T0505 表示 5 号刀及 5 号刀具长度和刀具半径补偿。至于刀具的长度和刀尖圆弧半径补偿的具体数值，应到 5 号刀具补偿位去查找和修改。如果后面两位数为零，

例如 T0300，表示取消刀具补偿状态，调用第 3 号刀具。

6.2.4　M功能

辅助功能代码是用 M 及后面两位数值表示的。数控车床加工常用的 M 指令有：

(1) M00：程序停止，用于停止程序运行(主轴旋转、冷却全停)。利用 NC 启动命令，可使机床继续运转。

(2) M01：计划停止，同 M00 作用相似，但它应由机床"任选停止"按钮选择是否有效。

(3) M03：主轴顺时针方向旋转。

(4) M04：主轴逆时针方向旋转。

(5) M05：主轴旋转停止。

(6) M08：切削液开。

(7) M09：切削液关。

(8) M30：程序停止，程序执行完自动复位到程序起始位置。

(9) M98：调用子程序。

(10) M99：子程序结束并返回到主程序。

6.2.5　G功能

1. 加工坐标系设定

加工坐标系有两种设定方法。一种是以 G50 方式，另一种是以 G54~G59 的方式。G50 是车削常用的方式。

图 6.6 所示为用 G50 X128.7 Z375.1 设定的加工坐标系。

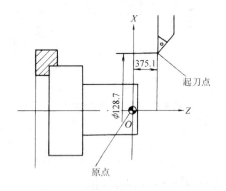

图 6.6　G50 设定加工坐标系

2. 倒角、倒圆编程

1) 格式一：G01 X/U_ Z/W_ C/R_ F_

在两段直线的交点处若有一个倒棱，只要此倒棱与两直线夹角的平分线相垂直，可用 C 指令简化编程。其中，X、Z 和 U、W 分别表示未倒角情况下直线假想的定位终点 G 的绝对坐标和增量坐标，c 表示 G 点相对于倒角起点 B 的距离，c 总是编在前一条直线所属的程序段当中，同时此程序段的目标点是二直线的交点，如图 6.7(a)所示。

两直线的交点处若有一个与二直线相切的过渡圆弧，可用 R 编程，同样 R 总是编在前一条直线所属的程序段当中，同时此程序段的目标点是二直线的交点，如图 6.7(b)所示。

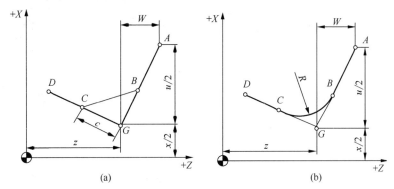

图 6.7　直线与直线相交倒棱或倒圆角

2) 格式二：G02/G03 X/U_ Z/W_ R_ RL=_/RC=_ F_

当圆弧与直线交点处有一倒棱，用 $RL=$ 编程，$RL=$ 表示倒棱终点 C 相对于未倒棱情况下圆弧假想的定位终点 G 的距离，如图 6.8(a)所示；当圆弧与直线相交处有一过渡圆弧时，用 $RC=$ 编程，$RC=$ 表示过渡圆弧的半径值，如图 6.8(b)所示。

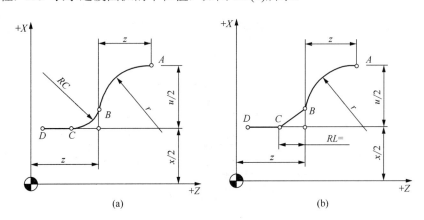

图 6.8　圆弧与直线相交倒棱、倒圆角

3. 刀尖圆弧自动补偿功能

通常在编程时都将车刀刀尖作为一点来考虑，即所谓假设刀尖，但实际上刀尖是有圆角的(见图 6.9)。

按刀尖点编出的程序在进行端面、外径、内径等与轴线平行的表面加工时，是没有误差的，但在进行倒角、锥面及圆弧切削时，则会产生少切或过切现象(见图 6.10)，具有刀尖圆弧半径自动补偿功能的数控系统能根据刀尖圆弧半径计算出补偿量，自动控制刀尖的运动，以避免上述现象的产生。

为了进行刀尖圆弧半径补偿，需要使用以下指令：

G40：取消刀具补偿，即按程序路径进给；

G41：左偏刀具补偿，按程序路径前进方向刀具偏在零件左侧进给；

G42：右偏刀具补偿，按程序路径前进方向刀具偏在零件右侧进给。

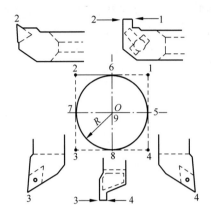

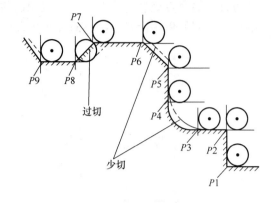

图 6.9　车刀刀尖类型　　　　　　　　图 6.10　刀尖圆角 R 造成的少切与过切

下面的程序是应用刀具补偿的实例(见图 6.11)。

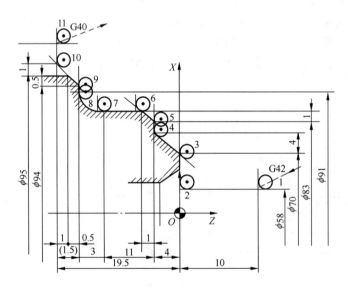

图 6.11　刀具补偿编程

```
O0003
N10 G50 X200 Z175 T0101
N20 G40 G97 S1100 M03
N30 G00 G42 X58 Z10 M08
N40 G01 G96 Z0 F1.5 S200
N50 X70 F0.2
N60 X78 Z-4
N70 X83
N80 X85 Z-5
N90 Z-15
N100 G02 X91 Z-18 R3 F0.15
N110 G01 X94
N120 X97 Z-19.5
N130 X100
```

```
N140 G00 G40 G97 X200 Z175 S1000 T0100
N150 M30
```

4. 单一固定循环

利用单一固定循环可以将一系列连续的动作，如"切入—切削—退刀—返回"，用一个循环指令完成，从而使程序简化。

【例6.1】　图 6.12 的程序段按一般写法应写为

```
N10 G00 X50
N20 G01 Z-30 F_
N30 X65.0
N40 G00 Z2
```

但用固定循环语句只要下面一句就可以了，即

```
G90 X50 Z-30 F_
```

1) 圆柱或圆锥切削循环(G90)

圆柱切削循环指令编程格式为

```
G90 X(U)_ Z(W)_ F_
```

循环过程如图 6.13 所示。X、Z 为圆柱面切削终点坐标值，U、W 为圆柱面切削终点相对循环起点的坐标分量。

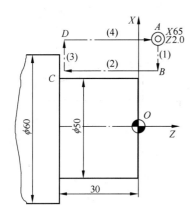

图 6.12　固定循环

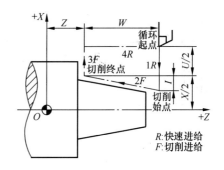

图 6.13　外圆切削循环

【例6.2】　图 6.14 的程序段为

```
O0001
N10 G50 X200 Z200 T0101
N20 G97 G40 S695 M03
N30 G00 X55 Z4 M08
N40 G01 G96 Z2 F2.5 S120
N50 G90 X45 Z-25 F0.35
N60 X40
N70 X35
```

```
N80 G00 G97 X200 Z200 S695 T0100
N90 M01
```

上述程序中每次循环都是返回了出发点，因此产生了重复切削端面 *A* 的情况，为了提高效率，可将循环部分程序段改为

```
N50 G90 X45 Z-2 F0.35
N60 G00 X47
N70 G90 X40 Z-25
N80 G00 X42
N90 G90 X35 Z-25
N100 G00...
```

圆锥切削循环指令格式为

```
G90 X(U)_ Z(W)_ I_ F_
```

循环过程如图 6.15 所示，*I* 为圆锥面切削始点与切削终点的半径差，图中 *X* 轴向切削始点坐标小于切削终点坐标，*I* 的数值为负；如果 *I* 为正，则相反。

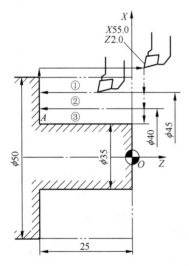

图 6.14　G90 的用法(圆柱面)

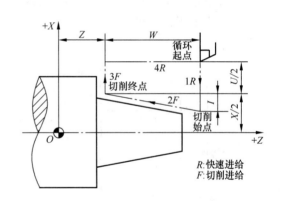

图 6.15　锥面的切削循环

【例 6.3】　对图 6.16 的锥面切削，程序段为

```
...
N40 G01 G96 X65 Z2 S120
N50 G90 S60 Z-35 I-5 F0.3
N60 X50
N70 G00 X100 Z100
```

在 N50 程序段中，I=(D-d) / 2=(50-40) / 2mm＝5mm。

2) 端面切削循环(G94)　(注：按日本 FANUCO-TD 准备功能系统 G 代码标准编程的，规定 G94 为端面切削循环)

切削端平面时，指令格式为

```
G94 X(U)_ Z(W)_ F_
```

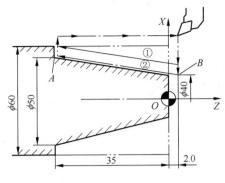

图 6.16　G90 的用法(锥面)

循环过程如图 6.17 所示 X、Z 为端平面切削终点坐标值，U、W 为端面切削终点相对循环起点的坐标分量。

【例 6.4】　图 6.18 程序段为

```
O00O1
N10 G50 X200 Z200 T0101
N20 G97 G40 S450 M03
N30 G00 X85 Z10 M08
N40 G01 G96 Z5 F3 SI20
N50 G94
N70 Z-15
N80 G00 G97 X200 Z200 S450 T0100
N90 M01
```

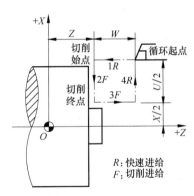

图 6.17　端面切削循环

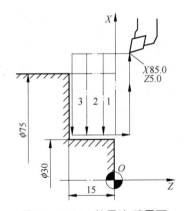

图 6.18　G94 的用法(端平面)

上述程序中每一循环都返回始点，因而使外径部分被重复切削，浪费时间，为提高效率可将程序循环部分改为

```
N50 G94 X30 Z-5 F0.2
N60 G00 Z-3
N70 G94 X30 Z-10
N80 G00 Z-8
N90 G94 X30 Z-15
N100 G00 X_　Z_
```

切削锥面时，编程格式为

```
G94 X(U)_ Z(W)_ K_ F_
```

循环过程如图 6.19 所示,*K* 为端面切削始点至终点位移在 *Z* 轴方向的坐标分量,图中轨迹 1 的方向是 *Z* 轴的负方向,*K* 值为负,反之为正。

【例 6.5】 对于锥面切削(见图 6.20),程序段为

```
N40 G01 G96 X55 Z2 S120
N50 G94 X20 Z0 K-5 F0.2
N60 Z-5
N70 Z-10
N80 G00 X_ Z_
```

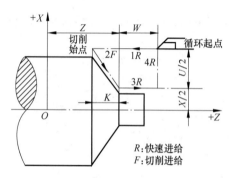

图 6.19 带锥度的端面切削循环

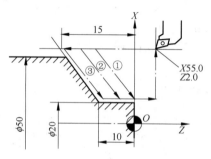

图 6.20 G94 的用法(锥面)

5. 复合固定循环(G70～G76)

在使用 G90、G92、G94 时,已经使程序简化了一些,但还有一类被称为复合形固定循环的代码,能使程序进一步得到简化。使用这些复合形固定循环时,只需指令精加工的形状,就可以完成从粗加工到精加工的全部过程。

1) 外圆粗切削循环(G71)

当给出图 6.21 所示加工形状的路线 $A \to A' \to B$ 及背吃刀量,就会进行平行于 *Z* 轴的多次切削,最后再按留有精加工切削余量 Δw 和 $\Delta u / 2$ 之后的精加工形状进行加工。

指令格式为

```
G71 u(Δd) R(e)
G71 P(ns) Q(nf) U(Δu) W(Δw) F(f) S(s) T(t)
```

式中, Δd 为背吃刀量;

e 为退刀量;

ns 为精加工形状程序段中的开始程序段号;

nf 为精加工形状程序段中的结束程序段号;

Δu 为 *X* 轴方向精加工余量;

Δw 为 *Z* 轴方向的精加工余量;

f, s, t 为 F, S, T 代码。

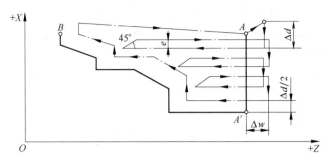

图 6.21　外圆粗加工循环

在此应注意以下几点：

(1) 在使用 G71 进行粗加工循环时，只有含在 G71 程序段中的 F、S、T 功能才有效。而包含在 ns→nf 程序段中的 F、S、T 功能，即使被指定对粗车循环也无效。

(2) A→B 之间必须符合 X 轴、Z 轴方向的共同单调增大或减少的模式。

(3) 可以进行刀具补偿。

【例 6.6】　在图 6.22 中，试按图示尺寸编写粗车循环加工程序。

```
O0001
N10 G50 X200 Z140 T0101
N20 G90 G40 G97 S240 M03
N30 G00 G42 X120 Z10 M08
N40 G96 S120
N50 G71 U2 R0.1
N60 G71 P70 Q130 U2 W2 F0.3
N70 G00 X40; (ns)
N80 G01 Z-30 F0.15 S150
N90 X60 Z-60
N100 Z-80
N110 X100 Z-90
N120 Z-110
N130 X120 Z-130; (nf)
N140 G00 X125 G40
N150 X200 Z140
N160 M02
```

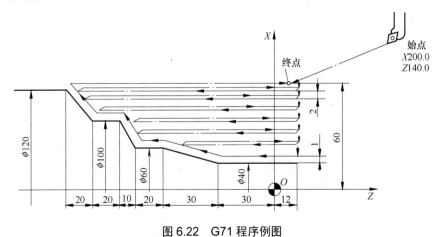

图 6.22　G71 程序例图

2) 端面粗加工循环(G72)

G72 与 G71 均为粗加工循环指令，而 G72 是沿着平行于 X 轴进行切削循环加工的，如图 6.23 所示，编程格式为

```
G72 U(Δd) R(e)
G72 P(ns) Q(nf) U(Δu) W(Δw) F(f) S(s) T(t)
```

其中参数含义与 G71 相同。

【例 6.7】　图 6.24 所示零件的加工程序为

```
N10 G50 X200 T0101
N20 G90 G40 G97 S220 M03
N30 G00 G41 X176 Z2 M08
N40 G96 S120
N50 G72 U3 R0.1
N60 G72 P70 Q120 U2 W0.5 F0.3
N70 G00 X160 Z60；(ns)
N80 G01 X120 Z70 F0.15 S150
N90 Z80
N100 X80 Z90
N110 Z110
N120 X36 Z132；(nf)
N130 G00 G40 X200 Z200
N140 M02
```

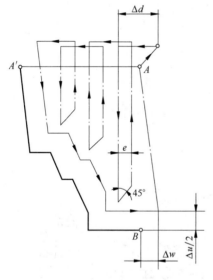

图 6.23　端面粗加工循环

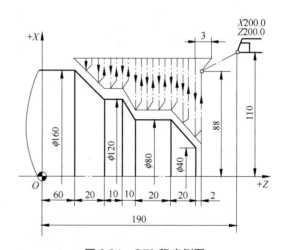

图 6.24　G72 程序例图

3) 封闭切削循环(G73)

所谓封闭切削循环就是按照一定的切削形状逐渐地接近最终形状。这种方式对于铸造或锻造毛坯的切削是一种效率很高的方法。G73 循环方式如图 6.25 所示。

指令格式为

```
G73 U(i) W(k) R(d)
G73 P(ns) Q(nf) U(Δu) W(Δw) F(f) S(s) T(t)
```

式中，i 为 X 轴上总退刀量(半径值)；

k 为 Z 轴上的总退刀量；

d 为重复加工次数。

其余与 G71 相同。用 G73 时，与 G71、G72 一样，只有 G73 程序段中的 F、S、T 有效。

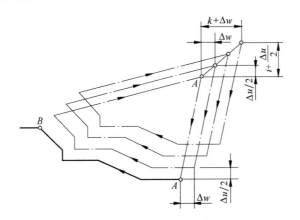

图 6.25　封闭切削循环

【例 6.8】　图 6.26 程序为

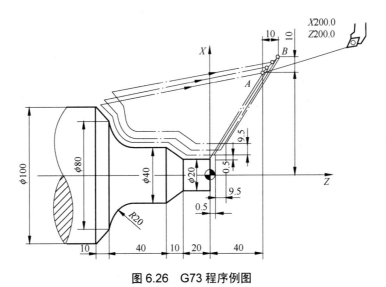

图 6.26　G73 程序例图

```
N10 G50 X200 Z200 T0101
N20 G97 G40 S200 M03
N30 G00 G42 X140 Z40 M08
N40 G96 S120
N50 G73 U9.5 W9.5 R3
N60 G73 P70 Q130 U1.0 W0.5 F0.3
N70 G00 X20 Z0; (ns)
N80 G01 Z-20 F0.15 S150
N90 X40 Z-30
N100 Z-50
```

```
N110 G02 X80 Z-70 R20
N120 G01 X100 Z-80
N130 X105; (nf)
N140 G00 X200 Z200 G40
N150 M02
```

4) 精加工循环(G70)

由 G71、G72 完成粗加工后，可以用 G70 进行精加工。

指令格式为

```
G70 P(ns) Q(nf)
```

式中，ns 和 nf 与前述含义相同。

在这里 G71、G72、G73 程序段中的 F、S、T 的指令都无效，只有在 ns～nf 程序段中的 F、S、T 才有效，以图 6.26 的程序为例，在 N130 程序段之后再加上：

```
N135 G70 P70 Q130
```

就可以完成从粗加工到精加工的全过程。

5) 深孔钻循环(G74)

G74 编程格式为

```
G74 R(e)
G74 Z(W) Q(Δk) F(f)
```

式中，e 为退刀量；

　　　Z(W)为钻削深度；

　　　Δk 为每次钻削行程长度(无符号指定)；

　　　F 为进给量。

【例6.9】　图 6.27 深孔钻削程序为

```
N10 G50 X200 Z100 T0202
N20 G97 S300 M03
N30 G00 G40 X0 Z5 M08
N40 G74 R1
N50 G74 Z-80 Q20 F0.15
N60 G00 X200 Z100 T0200
N70 M02
```

6) 外径切槽循环(G75)

G75 编程格式为

```
G75 R(e)
G75 X(u) P(Δi) F(f)
```

式中，e 为退刀量；

　　　u 为槽深；

　　　Δi 为每次循环切削量；

　　　F 为进给量。

【例6.10】　图6.28 切槽(切断)程序为

```
N10 G50 X200 Z200 T0505
N20 G97 S700 M03
N30 G00 G40 X35 Z-50 M08
N40 G96 S80
N50 G75 R1
N60 G75 X-1 P5 F0.15
N70 G00 X200 Z200 T0500
N80 M02
```

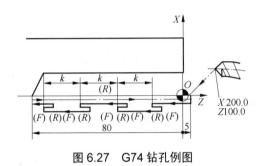

图6.27　G74 钻孔例图

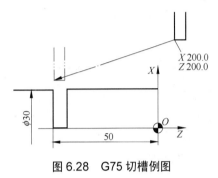

图6.28　G75 切槽例图

6. 螺纹切削

1) 螺纹切削(G32)

用 G32 指令进行螺纹切削时需要指出终点坐标值及螺纹导程F(单位 mm),编程格式为:

```
G32 X(U)_ Z(W)_ F_
```

式中,X(U)省略时为圆柱螺纹切削,Z(W)省略时为端面螺纹切削,X(U)、Z(W)都不省略为锥螺纹切削。螺纹切削应注意在两端设置足够的升速进刀段和降速退刀段。

【例6.11】　图6.29 圆柱螺纹加工的程序($F=4$mm,$\delta_1=3$mm,$\delta_2=1.5$mm)

```
...
N100 G00 U-60
N110 G32 W-74.5 F4
N130 G00 U60
N140 W74.5
N150 U-64
N160 G32 W-74.5
N170 G00 U64
N180 W74.5
```

【例6.12】　图6.30 圆锥螺纹加工的程序($F=3.5$mm,$\delta_1=2$mm,$\delta_2=1$mm)

```
N100 G00 X12
NI10 G32 X41 W-43 F3.5
N120 G00 X50
N130 W43
N140 X10
N150 G32 X39 W-43
N160 G00 X50
N170 W43
```

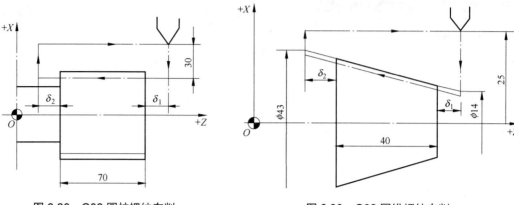

图 6.29　G32 圆柱螺纹车削　　　　　　　图 6.30　G32 圆锥螺纹车削

2) 螺纹切削循环(G92)

利用 G92，可以将螺纹切削过程中，从始点出发"切入—切螺纹—让刀—返回始点"的 4 个动作作为一个循环用一个程序段指令。

编程格式为

```
G92 X(U)_ Z(W)_ I_
```

当 I(螺纹部分半径之差)后边的值为 0 时，为圆柱螺纹(见图 6.31)，否则为圆锥螺纹(见图 6.32)，I 后数值的正负号可参见 G90 的用法。

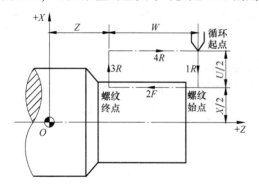

图 6.31　圆柱螺纹切削循环

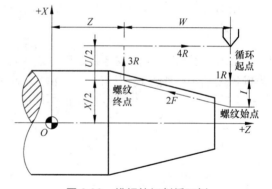

图 6.32　锥螺纹切削循环例

【例 6.13】　图 6.33 圆柱螺纹加工的程序为

```
N50 G50 X270 Z260
N60 G97 S300
N70 T0101 M03
N80 G00 X35 Z104
N90 G92 X29.2 Z53 F1.5
N100 X28.6
N110 X28.2
N120 X28.04
N130 G00 X270 Z260 T0100 M05
N140 M02
```

【例 6.14】   图 6.34 锥螺纹加工的程序为

```
N50  G50 X270 Z260
N60  G97 S300
N70  M03 T0101
N80  G00 X80 Z62
N90  G92 X49.6 Z12 I-5 F2
N100 X48.7
N110 X48.1
N120 X47.5
NI30 X47.1
N140 X47
N150 G00 X270 Z260 T0100 M05
N160 M02
```

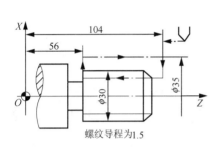

图 6.33   圆柱螺纹切削循环应用

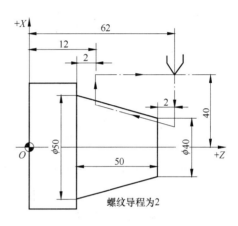

图 6.34   锥螺纹切削循环应用

3) 复合螺纹切削循环(G76)

用 G76 时一段指令就可以完成复合螺纹切削循环加工程序。

指令格式为

```
G76 P(m)(r)(α) Q(Δd_min) R(d)
G76 X(U) Z(w) R(i) P(k) Q(Δd) F(f)
```

式中，m 为精加工最终重复次数(1～99)；

R 为倒角量；

α 为刀尖的角度，可以选择 80°、60°、55°、30°、29°、0° 共 6 种，其角度数值用 2 位数指定；m、r、α 可用地址一次指定，如 m=2，r=1.2，α =60°时可写成 P02 1.2 60；

Δd_{min} 为最小切入量；

d 为精加工余量；

X(U)，Z(W)为终点坐标；

i 为螺纹部分半径差(i=0 时为圆柱螺纹)；

k 为螺牙的高度(用半径值指令 X 轴方向的距离)；

Δd 为第一次的切入量(用半径值指定)；

F 为螺纹的导程(与 G32 螺纹切削时相同)。

螺纹切削方式如图 6.35 所示。

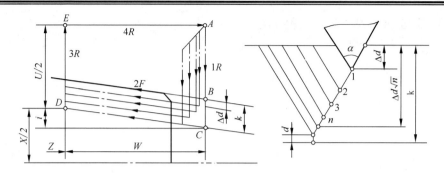

图 6.35　复合螺纹切削循环与进刀法

【例 6.15】　图 6.36 螺纹车削的程序

```
…
G76 P02 12 60 Q0.1 R0.1
G76 X60.64 Z25 P3.68 Q1.8 F6
…
```

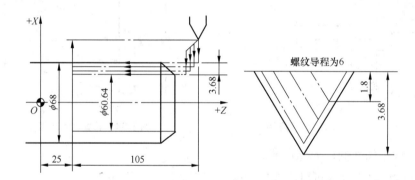

图 6.36　G76 程序例图

6.2.6　编程举例

加工图样、刀具布置图及刀具安装尺寸如图 6.37 所示。

加工程序如下：

```
O00O1
N10 G50 X200 Z350 T0101              //建立零件坐标系
N20 G97 S630 M03                     //主轴启动
N30 G00 X41.8 Z292 M08               //快进至准备加工点，切削液开
N40 G01 X47.8 Z289 F0.15             //倒角
N50 Z230                             //精车螺纹大径
N6O X50                              //退刀
N70 X62 W-60                         //精车锥面
N80 Z155                             //精车ϕ62mm外圆
N90 X78                              //退刀
N100 X80 W-1                         //倒角
N110 W-19                            //精车ϕ80mm外圆
N120 G02 W-60 R70                    //精车圆弧
N130 G01 Z65                         //精车ϕ80mm外圆
```

```
N140 X90                              //退刀
N150 G00 X200 Z350 T0100 M09          //返回起刀点，取消刀补，切削液关
N160 M06 T0202                        //换刀，建立刀补
N170 S315 M03                         //主轴启动
N180 G00 X51 Z230 M08                 //快进至切槽加工准备点；切削液开
N190 G01 X45 F0.16                    //车φ45mm 槽
N200 G00 X51                          //退刀
N210 X200 Z350 T0200 M09              //返回起刀点，取消刀补，切削液关
N220 M06 T0303                        //换刀，建立刀补
N230 S200 M03                         //主轴启动
N240 G00 X62 Z296 M08                 //快进至准备加工点，切削液开
N250 G92 X47.54 Z232.5 F1.5           //螺纹切削循环
N260 X46.94
N270 X46.54
N280 X46.38
N290 G00 X200 Z350 T0300 M09          //返回起刀点，取消刀补，切削液关
N300 M05                              //主轴停
N310 M30                              //程序结束
```

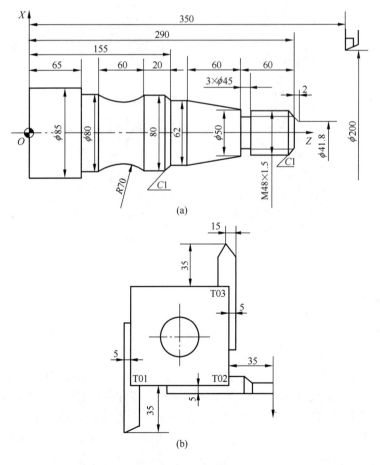

图 6.37　编程实例

6.3　图形的数学处理

数控工艺员在拿到车削零件图样后，首先要对它作数学处理，下面通过一个具体例子来讨论数学处理的步骤与方法。图 6.38 所示是一种圆锥滚子轴承内圆车削尺寸图。为简化例子，G、H 各有一条油沟未画入。

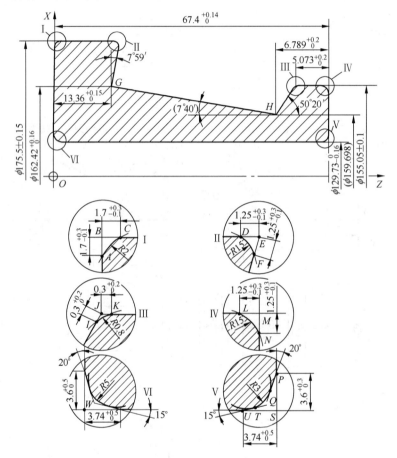

图 6.38　车削尺寸

6.3.1　选择原点及尺寸的换算

同一个零件，同样的加工，原点选择不同，尺寸字中的数据就不一样，所以编程之前先要选定原点。从理论上说，原点选在任何位置都是可以的，但实际上，为了换算尽可能简便及尺寸较为直观(至少让部分点的指令值与零件图上的尺寸值相同)，应尽可能把原点的位置选得合理些。车削件的程序原点 X 向均应取在零件的回转中心，即车床主轴轴线上，所以原点位置只在 Z 向作选择。像本例这样的 Z 向不对称零件，原点 Z 向位置一般在左右端面两者中作选择，此例选定在左端面，即零件大端面。如果是左右对称零件，Z 向应选在对称平面内，这样可以简化编程，对于轮廓含椭圆之类曲线的零件，Z 向原点取在椭圆的对称中心为好。原点选定后，就应将各点的尺寸换算成从原点开始的坐标值，并重新标注。一般先换算大轮廓的基点(见图 6.39)。由于零件图中 *B*、*E*、*G*、*H*、*J*、*M*、*S*、*W* 这 8 点均标了尺寸，所以只要作简单的换算和重标就可以了。如果 *H* 点原来未标注尺寸，那么就要用列、解直线方程组的方法来求出 *H* 点的位置；如果原来未标 *H* 点和 *J* 点的 *Z* 向尺寸，那么可用三角函数求出这两个尺寸。

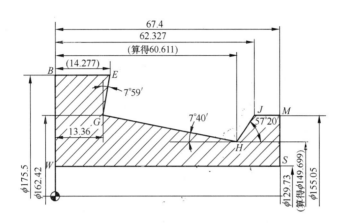

图 6.39　大轮廓基点从原点开始的基本尺寸

编程时可以用基本尺寸换算到原点的坐标值，但最好还是用公差中值换算出的坐标值来编程，这样在实际车削中比较容易控制尺寸误差。图 6.40 中，*H* 点之外的 7 点均采用公差中值。假如 *H* 点的 *Z* 向也采用公差中值，那么 7°40′ 和 57°20′ 这两个角度就会有所变化。车削光坯时应该保证这两个角度较为准确，这样 *H* 点的位置就应通过列解直线方程组求得。过 *G*、*H* 点的直线方程和过 *J*、*H* 点的直线方程分别为

$$\begin{cases} x = -\tan 7°40′ \times z + 83.058525 \\ x = \tan 32°40′ \times z - 19.636845 \end{cases}$$

解方程组得

$$\begin{cases} z = 60.613412 \\ x = 74.899178 \end{cases}$$

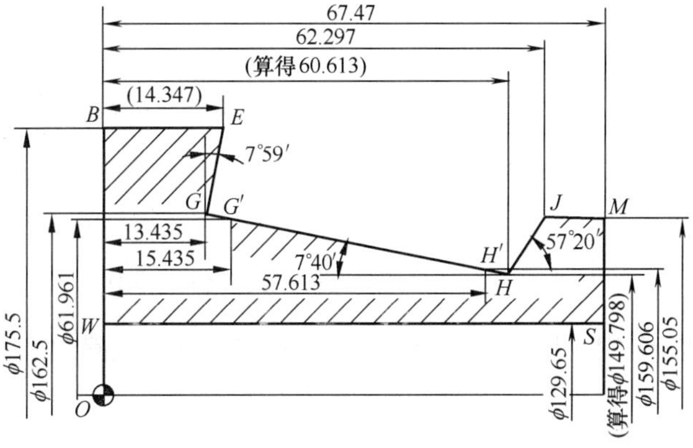

图 6.40　大轮廓基点原则下取公差中值的尺寸

这就是 H 点的坐标值。下面来看零件图样中 B、E、J、M、S 五个倒角处的细部(参看图 6.40，W 处与 S 处呈 Z 向对称，故不必另作计算)，倒角处的各尺寸一律取公差中值，

这样 A、C、D、K、L、N、P、U 8 点的坐标值可简单换算得到，F 和 I 点的坐标值用三角函数也可很快算出来，余下的 Q、T 两个基点及五个圆弧的圆心位置要做一些计算才能得到。

6.3.2 基点坐标值的计算

对于图 6.38 所示的外径上的 4 个倒角，都要标出圆心，它们均是已知圆上两点的坐标及半径，求圆心位置。这里介绍推导出来的一组公式(用 X-Y 坐标系)：如果已知 A 点和 B 点的坐标分别为 $(X_A，Y_A)$ 和 $(X_B，Y_B)$，那么通过这两点的半径为 R 的圆心坐标值 $(X_0，Y_0)$ 分别为

$$X_0 = [J \pm \sqrt{J^2 - T(M^2 + 1)}]/(M^2 + 1)$$
$$Y_0 = N + Y_A - MX_0$$

式中

$$M = (X_A - X_B)/(Y_A - Y_B)$$
$$N = (X_A^2 - X_B^2 + Y_A^2 - Y_B^2)/(2Y_A - 2Y_B) - Y_A$$
$$J = MN + X_A$$
$$T = N^2 + X_A^2 - R^2$$

符合上述条件的圆有两个，公式中的正负号分别对应于 AB 直线右侧圆与左侧圆，分别将各点的参数值代入公式计算，即可得到 4 个圆弧的圆心坐标值(计算略)。下面求 S 处有关点的坐标，见图 6.41。

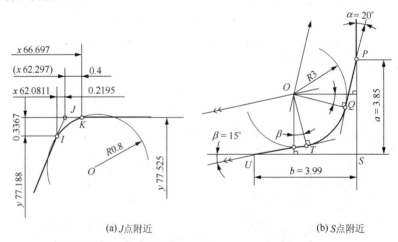

(a) J点附近　　　　　　　　　　　　(b) S点附近

图 6.41　两处倒角附近的基点(单位：mm)

以 S 为坐标原点，先求圆心 O 的坐标，通过 P 点的 α 角度斜线方程是

$$Y = \cot \alpha \cdot X + \alpha$$

其左侧与它平行，距离为 R 的直线方程为

$$Y = \cot \alpha + \alpha + R/\sin \alpha \tag{6-1}$$

通过 U 点的 β 角度斜线方程为

$$Y = \tan \beta \cdot X + b \tan \beta$$

其上侧与它平行，且距离为 R 的直线方程为

$$Y = \tan \beta \cdot X + b \tan \beta + R / \cos \beta \tag{6-2}$$

联立式(6-1)和式(6-2)，代入已知条件就可得 O 点坐标值(计算略)，切点 Q、T 的坐标值则可很容易得到。

6.4　典型零件的程序编制

6.4.1　轴承内圈的数控加工工艺设计及程序编制

1. 确定工序和装夹方式

假设该零件粗车后各个方向都留有 1mm 左右精车量，用数控车床完成精车工序。从零件结构看，精车应用两道工序来完成，先加工哪一端哪些部位，后加工哪一端哪些部位，以及如何装夹，都应根据图样的技术要求和数控车削的特点来选定。对于一个具体零件，方案往往有好几个，数控工艺员应尽可能选择最佳方案。图 6.38 所示零件大体有 4 种加工方案，图 6.42 列出了每种方案的第一工序装夹示意图。第一种方案为卡大外径，大端面通过定位块定位，此方案大部分轮廓在第一工序内完成，调头后的第二工序卡内径、小端面定位，只用车大外径、大端面和上下两个倒角。此方案的优点是内径对小端面的垂直度误差小，滚道和大挡边对内径回转中心的角度差小，滚道与内径间的壁厚差小；缺点是大挡边的厚度误差、大挡边对端面的平行度误差及内径对大端面的垂直度误差等相对来说不易控制，另外，两道工序所用的加工时间很不均匀。其他 3 种方案也各有利弊。总之应根据各种情况综合考虑后选定一种，无论选择哪种方案，原点应选在精加工后的端面上，而不要选在毛坯料的端面上。本例选用第一方案。

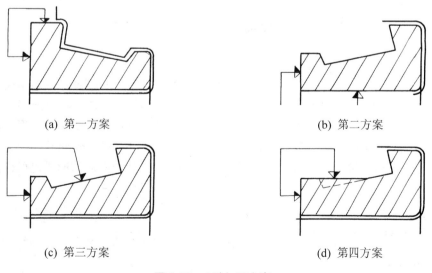

(a) 第一方案　　　　　　　　　　　　　　　(b) 第二方案

(c) 第三方案　　　　　　　　　　　　　　　(d) 第四方案

图 6.42　4 种加工方案

2. 设计和选择工艺装备

工序的装夹方式选定后，就要根据零件图样、毛坯图样和所用机床的具体条件设计和选择工艺装备。比如该零件加工需设计专用卡爪、定位块、测量样板并选用专用轴承检查仪测量等。

3. 选择刀具和确定走刀路线

这里选择第一装夹方案，按照零件加工需要选择 5 把机夹刀具来完成第一道工序的车削(见图 6.43)。刀具和硬质合金涂层刀片可采用瑞典 SANDIVIK 标准，5 把刀具的型号、所用刀片的型号和牌号以及刀尖半径见表 6-2。

表 6-2　刀具明细表

刀具序号	刀体型号	刀片型号	刀片牌号	刀尖半径/mm
T1	PCLNR2525 M12	CNMG120416	GC435	1.6
T2	PTJNL2525 M15	DNMG150612-15	GC435	1.2
T3	PTFNR2525 M22	TNMG220412-61	GC435	1.2
T4	PTJNR2525 M15	DNMG150612-15	GC435	1.2
T5	S50W-PTFNR22-W	TNMG220416-61	GC435	1.6

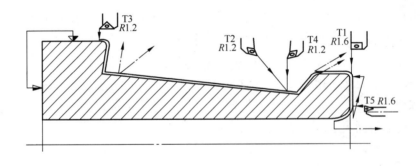

图 6.43　刀具和进给路线

4. 选择刀片和决定切削用量

选择刀片应考虑材料的切削性能、毛坯的余量、零件的尺寸精度和表面粗糙度值的要求、机床的自动化程度等因素。刀片的外形(主要是角度)是与刀体一起根据零件轮廓形状来决定的。刀片的牌号(材质)可根据 SANDIVIK 公司样本并结合试切实验来确定，这里选用 GC435，试切表明这些刀片切削此零件的线速度用 130～140m/min，走刀量 0.35～0.40mm/r 比较合适，单向吃刀深度不应超过 1.5mm。对刀片的断屑槽形式也可根据切削试验来加以确定。

5. 程序编制

设图 6.43 中的 5 把刀依次装在 T1～T5 刀位，X、Z 向均以假想刀尖点为编程点，对刀所得尺寸见表 6-3。

表 6-3 对刀所得尺寸 单位：mm

刀位号	X 向值	X 向比上一把刀长出	Z 向值	Z 向比上一把刀长出
T1	460.650	—	505.168	—
T2	458.314	2.336	553.467	−48.299
T3	462.285	−3.971	504.383	49.084
T4	458.769	3.516	506.741	−2.358
T5	484.606	−25.837	447.887	58.854

车削图 6.38 所示零件的程序为

OO018;

N10 G50 G97 X460.65 Z505.168 S257 T0100//设定坐标系；让刀架转到 1 号位；定转速设置

N20 G90 G00 X175.05 Z67.47 T0101 M03//刀具快速到达小端面上方；让刀具长度补偿起作用；主轴正向启动

N30 X161.05 M08//刀具快速到达小端面准备切削点，切削液开

N40 G01 G96 X124 F0.4 S130//用恒线速度切削小端面

N50 G00 X142.864 Z67.477//刀具快速到达切削 M 处圆角的 G42 的入口点

N60 G42 X146.864//建立右刀补

N70 G01 X148.864//切过渡线段(空切)

N80 G03 X155.05 266.12 R1.5 F0.15//切 R1.5 圆弧

N90 G01 Z60 F0.3//切削小外径

N100 G00 G40 G97 X460.65 Z100 S267//撤销刀具长度补偿；撤销刀尖圆弧半径补偿；刀架回 X 向起始位、Z100 处

N110 G50 X458.314 Z148.299 T0200//转用第二把刀；变换坐标系

N120 X160 Z57 S268 T0200//快速到达切削小挡边的第一准备点；让刀具长度补偿起作用；转速加到 268r/min

N130 X154.606//刀尖到达切削小挡边的第二准备点

N140 G01 G41 G96 X150.606 Z57.6I3 S130//建立左刀补；进入恒线速度切削

N150 X149.798 Z60.613//切削滚道 H'H 段

N160 X154.376 Z62.081 F0.2//车削小挡边

N170 G02 X155.052 Z62.734 R0.8 F0.15//车 R0.8 圆角

N180 G40 G97 X458.314 Z100 S267 T0200//刀架回 X 向起始位 Z100 处取消左刀补；取消刀长补偿；取消恒线速度

N190 G50 X462.285 Z50.916 T0300//转用第 3 把刀；变换坐标

N200 X179.5 Z10.797 S264 T0303//假想刀尖点快速到达切削大挡边的准备点；让刀具长度补偿起作用

N210 G01 G41 G96 X175. 5 Z10.797 S130 F0.3//建立左刀补；进入恒线速度切削

N220 G02 X172.826 Z14.16 R1.5 F0.15//切削 R1.5 圆弧

N230 G01 X162.5 Z13.435 F0.3//切大挡边

N240 X161.961 Z15.435 F0.4//车一小段滚道

N250 G00 G40 G97 X462.285 Z100 S255 T0300//让刀架回 X 向起始位、Z100 处；取消 G41；取消刀具长度补偿；取消恒线速度

N260 G50 X458.769 Z102.358 T0400//转用第 4 把刀；变换坐标

N270 G00 X154.606 Z56.413 T0404//快速到达准备点；计入刀具长度补偿；

N280 G01 G42 G96 X150.606 Z57.613 S130//刀尖圆弧到达 G42 入口点；恒线速度恢复

N290 X161.961 Z15.435//切削滚道

N300 G00 G40 G97 X458.769 Z150 T0400//刀架回 X 向起始位、Z150 处；取消 G42 刀具长度补偿；取消恒线速度切削

N310 G50 X484.606 Z91.146 T0500//转用第 5 把刀；变换坐标

N320 G41 X144.845 Z68.47 S290 T0505//刀尖圆弧快速到达切削 S 处倒角部分的准备点；
计入刀具长度补偿

N330 G01 G96 X142.845 S130//空切削一个与端面平行的面(距端面 1mm)；恢复恒线速度

N340 X134.122 Z66.883 F0.15//切削 20° 斜面

N350 G02 X130.379 Z64.84 R3//切削 R3 圆弧

N360 G01 X128.65 Z61.614//切削 15° 斜面

N370 G00 G40 X110 K-1 M09//取消 G41；切削液关

N380 G97 Z70 S300//刀具快速退到 Z70 处；恒线速度取消

N390 X484.606 Z447.887 T0500 M05//刀架快速回到起始位；取消刀具长度补偿；主轴停

N400 T0100//刀架转回第 1 把刀

N410 M02//程序结束

6.4.2　锥孔螺母套零件的数控加工工艺设计及程序编制

图 6.44 所示为锥孔螺母套零件，试使用装备 FANUC－01 系统的 CK6140 数控车床，
就小批量生产确定加工工艺及程序。

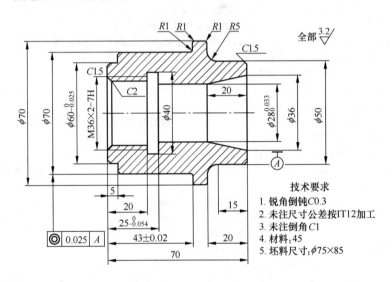

图 6.44　锥孔螺母套

1. 零件图样分析

锥孔螺母套的加工表面由内外圆柱面、圆锥面、圆弧面及内螺纹等组成，其中孔为
ϕ28mm。ϕ60mm 外圆及 25、43 两个长度尺寸的尺寸精度及形位公差的要求较高。零件形
状描述清晰完整，尺寸标注完整，基本符合数控加工尺寸标注要求，切削加工性能较好，
适于采用数控车床加工。

2. 加工工艺性分析

毛坯为 ϕ80mm×85mm 的锻件，毛坯余量适中。对零件图样中标注公差的尺寸，编程
时均应转换为对称公差，以转变后的轮廓尺寸编程，因而

ϕ800＋0.033 改为 ϕ28.016±0.016

ϕ600-0.025 改为 ϕ59.988±0.012

$\phi 250-0.084$ 改为 $\phi 24.958\pm 0.042$

左右端面均为多个尺寸的设计基准面，相应工序加工前，应先加工左右两端面，并作为 Z 向编程原点。内孔内螺纹加工完成后，需掉头再加工其他表面。

3. 确定工序和装夹方式

加工顺序按由内到外、由粗到精的原则确定，在一次装夹中尽可能加工出较多的零件表面。针对本零件的结构特点，可先粗、精加工外圆及内孔各表面，再精加工内孔各表面，然后精加工外轮廓表面。加工内孔时，先以毛坯外圆定位(见图 6.45)，用三爪自定心卡盘夹紧进行右端面、外圆、内螺纹等加工；掉头后(见图 6.46)，以精车过的外圆定位，加工端面、内孔和圆锥孔。加工外轮廓时，为保证同轴度要求和便于装夹，用一心轴以左端面和内孔定位，如图 6.47 所示；同时，将心轴右端用尾座顶尖顶紧以提高工艺系统刚性。

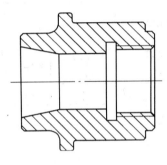

图 6.45　加工螺纹孔

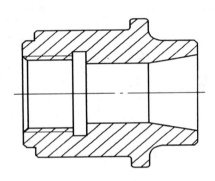

图 6.46　加工圆锥孔

4. 选择刀具和确定走刀路线

所选用刀具如表 6-4 所示。

表 6-4　数控加工刀具卡片

零件号	N1-102	零件名称	锥孔螺母套	零件材料	45 钢	程序号	02222
序号	刀具号	刀具名称及规格		加工表面	数量	刀尖圆弧半径/mm	补偿号
1	T01	45°硬质合金端面车刀		车端面	1	0.5	01
2	T02	93°右偏刀		车外圆	1	0.2	02
3	T03	$\phi 4mm$ 中心钻		钻中心孔	1		03
4	T04	$\phi 27.5mm$ 钻头		钻孔	1		04
5	T05	镗刀		镗孔	1	0.4	05
6	T06	5mm 宽内槽车刀		切螺纹退刀槽	1	0.4	06
7	T07	内螺纹车刀		车内螺纹	1	0.3	07
8	T08	93°左偏刀		自左向右车外轮廓	1	0.2	08
编制			审核		批准		

确定走刀路线时，主要以表面切削要求为主。由于零件为单件小批量生产，要适当考虑最短进给路线或最短空行程路线。

5. 切削用量选择

根据被加工表面质量要求、零件材料和刀具材料，可参考切削用量手册或选定品牌刀具的使用手册来确定切削速度、进给量、背吃刀量等参数。

6. 拟定工序卡片

将上述确定的各项内容综合后，填写数控加工工序卡片(见表 6-5)，作为数控程序编制人员及调整、操作人员的指导性文件。

表 6-5　数控加工工序卡片

零件号	N1-102			零件名称		锥孔螺母套	零件材料		45 钢
程序号	O1111，O2222，O3333			机床型号		CK6140	制表日期		××
工步号	工步内容	夹具	刀具号	主轴转速 /r·min⁻¹	进给速度 /mm·min⁻¹	背吃刀量 /mm	补偿号	备注	
1	车左端面	三爪自定心卡盘	T01	320	60	1	01		
2	车外圆至 φ72mm		T02	320	60	1	02		
3	钻中心孔		T03	950	10	2	03		
4	钻 φ26.5mm 孔		T04	200	10	13.75	04		
6	镗螺纹孔至 φ34.2mm 并倒角		T05	320	40 25	0.5 0.1	05		
7	切 5 螺纹退刀槽		T06	320	10		06		
8	车螺纹至 M36×2-7H		T07	320		0.4 0.1			
9	掉头车右端面		T01	320	60	1	01		
10	镗内孔及内锥面至尺寸		T05	320	40 25	0.5 0.1	05		
11	装芯轴车右侧外轮廓面	圆柱心轴	T02	320	60	1	02		
12	车左侧外轮廓面		T08	320	60		08		
编制		审核			批准		共1页	第1页	

7. 编制加工程序

(1) 外圆及螺纹孔加工如图 6.45 所示，用三爪自定心卡盘装夹零件后，编程原点设在零件右端面，其加工程序如下：

```
O1111
N10 G50 X200 Z140 T0110
N20 G90 G40 G97 S320 M03
N30 G00 G41 X85 Z7 M08
N40 G96 S120
N50 G94 X0 Z4 F60                        //车端面
N60 G00 Z3
N70 G94 X0 Z1 F30
N80 G00 Z2
N90 G94 X0 Z0 F30
N100 G00 G40 X200 Z140
N110 G97 S320
N120 G00 G41 X85 Z2 T0202                //车外圆
N130 G71 U1 R0.5
N140 G71 P150 Q170 U0.5 W1 F60 S320
N150 G00 X72
N160 G01 Z-60 F30
N170 G00 X75
N175 G70 P150 Q170
N180 G00 G40 X200 Z140
N190 G00 X0 Z2 T0303 S950                //钻中心
N200 G01 Z-2 F30
N210 G00 Z10
N220 G00 X200 Z140
N230 G00 X0 Z2 T0404 S320                //钻孔
N240 G01 Z-75 F10
N250 G00 G40 X200 Z140
N260 G00 G41 X75 Z10 T0505 S320          //镗孔
N270 G71 U1 R0.5
N280 G71 P290 Q330 U0.5 W0.5 F40
N290 G00 X40.2 Z1 F30
N300 G01 X34.2 Z-2
N310 G01 Z-22
N320 G00 X33
N330 G00 Z10
N335 G70 P290 Q330
N340 G00 X200 Z140
N350 G00 X33 Z2 T0606 S320              //切槽
N360 G00 Z-24.958
N370 G01 X40 F10
N380 G04 X5
N390 G00 X33
N400 G00 Z10
N410 G00 X200 Z140
```

```
N420 G00 X34 Z3 T0660 S320          //车螺纹
N430 G76 P021260 Q0.1 R0.1
N440 G76 X36 Z-22 R0 P1.1 Q0.5 F2
N450 G00 Z10
N460 G00 X200 Z140 M05 M30
```

(2) 加工内孔、内锥面，如图 6.46 所示，用三爪自定心卡盘掉头装夹零件后，编程原点设在零件右端面，其加工程序如下：

```
O2222
N10 G50 X200 Z140 T0101
N20 G90 G40 G97 S320 M03
N30 G00 G41 X85 Z7 M08
N40 G96 S120
N50 G94 X0 Z4 F60              //车端面
N60 G00 Z3
N70 G94 X0 Z1 F30
N80 G00 Z2
N90 G94 X0 Z0 F0.2
N100 G00 G40 X200 Z140
N110 G97 S320
N120 G00 G42 X25 Z2 M08 T0505 //车外圆
N130 G71 U0.5 R0.2
N140 G71 P150 Q200 U0.1 W0.1 F60
N150 G00 X36.016 Z2
N160 G01 Z0
N170 G01 X28.016 Z-20
N180 G01 Z-47
N190 G01 X27
N200 G00 Z10
N210 G70 P150 Q200
N220 G00 X200 Z140 M05 M30
```

(3) 加工外轮廓，如图 6.47 所示，用心轴装夹零件后，编程原点设在零件左端面，其加工程序如下：

```
O3333
N10 G50 X200 Z140 T0202
N20 G90 G40 G97 S320 M03
N30 G00 G42 X85 Z2 M08
N40 G71 U0.5 R0.2
N50 G71 P60 Q110 U0.1 W1 F60
N60 G00 X43 Z2
N70 G01 X50 Z-1.5
N80 G01 Z-20 R5
N90 G01 X70 R-1
```

```
N100 G01 Z-30
N110 G00 X72
N120 G00 G40 X200 Z140 M05 M30
```

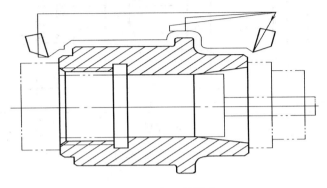

图 6.47　加工外轮廓

思考与练习

1．不同档次的数控车床功能上有什么差别？

2．数控车床加工零件为什么需要对刀？如何对刀？

3．手动对刀时，如果采用相对位置检测器，除课本上介绍的方法外，还可采用什么方法？如果采用绝对位置检测器，应如何进行对刀？

4．选择数控车床的工艺装备时，应考虑哪些问题？

5．请自己总结数控车床程序编制有哪些特点？S 功能、T 功能、M 功能及 G 功能代码的含义及用途。

6．编制图 6.48 所示各零件的数控加工程序。

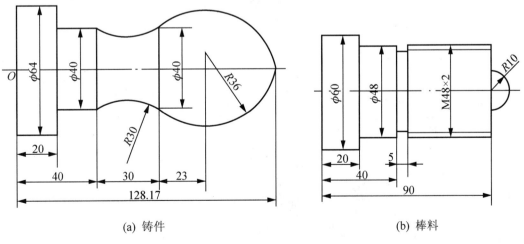

(a) 铸件　　　　　　　　　　　　　　　　　　　　(b) 棒料

图 6.48　习题 6

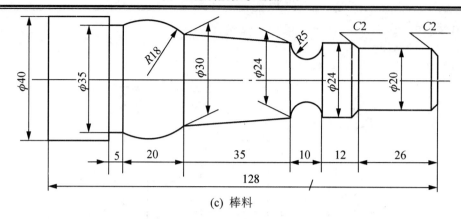

(c) 棒料

图 6.48 习题 6(续)

第7章 数控电火花线切割编程

教学提示： 与传统金属切削加工方法不同，数控电火花线切割加工是直接利用电能与热能对零件进行加工的一种特种加工方法，它可以用来加工一般切削加工方法难以加工的各种高熔点、高硬度、高韧性的金属材料，这种加工方法在模具制造、成形刀具加工和细微复杂零件的加工方面应用广泛。

教学要求： 通过本章的学习，学生应该系统掌握数控电火花线切割加工的原理、机床分类、机床结构、加工工艺指标及工艺设计内容，还要掌握数控电火花线切割加工的编程方法：3B编程和ISO代码编程，掌握两种编程方法的具体应用和二者之间的区别。

7.1 数控线切割机床加工概述

7.1.1 数控线切割机床加工原理

1. 线切割机床加工的基本原理

电火花加工是在一定介质中，通过工具电极和零件电极之间放电时产生的电腐蚀作用对金属零件进行加工的一种工艺方法。它可以加工利用传统的切削方法难以加工的各种高熔点、高硬度、高强度、高韧性的金属材料，属于直接利用电能、热能进行金属加工的特种加工范畴。电火花加工根据所使用的工具电极形式的不同和工具电极相对于零件运动方式的不同，可以分为电火花成形加工、电火花线切割加工、电火花磨削、电火花表面强化和刻字等。其中以电火花成形加工(简称电火花加工)和电火花线切割加工(简称线切割加工)应用最为广泛。

数控电火花线切割加工原理如图 7.1 所示。数控电火花线切割加工是利用作为负极的电极丝(铜丝或钼丝)和作为正极的金属材料(零件)之间脉冲放电的电腐蚀作用，对零件进行加工的一种工艺方法。在加工中电极丝相对于零件的运行轨迹由数控系统进行程序控制，实现数控加工。电极丝沿预定的轨迹运动中始终保持在电极丝和零件之间有一定的放电间隙。由脉冲电源输出的电压就加在电极丝和零件之间，从而为加工提供了加工能源。电极丝是由耐高温金属材料制成，由工作液及时冷却，在一批零件的加工中，电极丝受电腐蚀程度相对于金属零件而言非常微小，对零件尺寸的影响可忽略不计，但最终会因为过度腐蚀造成断丝。电腐蚀过程中一次脉冲放电循环分为以下几个阶段：

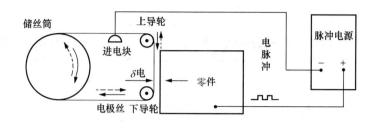

图 7.1 数控电火花线切割机床加工原理

1) 电离

由于零件和电极丝表面存在着微观的凸凹不平，在两者相距最近点上电场强度最大，会使间隙中的液体介质电离成电子和正离子，形成放电通道。

2) 放电

在电场力的作用下，电子高速流向阳极，正离子流向阴极，产生火花放电。

3) 爆炸

由于放电通道中电子和离子高速运动时相互碰撞，产生大量热能。阳极和阴极表面受高速电子和离子流的撞击，其动能也转化成热能，因此在两极之间沿通道形成了一个温度高达 10 000～12 000℃的瞬时高温热源。在热源作用区的零件表面金属会很快熔化，甚至汽化。通道周围的液体介质一部分则被汽化，并产生很高的瞬时压力，在高压的作用下熔融的金属液体和蒸气就被排挤、抛出而进入工作液中。上述过程是在极短时间内完成的，因此具有突然膨胀爆炸的特性，可以听到轻微的噼啪声。

4) 排屑

热膨胀产生的爆炸力使一部分熔化和汽化了的金属从间隙中喷出产生火花，并将另一部分在抛入间隙的液体介质中冷却，凝固成细小的微粒随介质流动排出。

5) 恢复

在一次脉冲放电后，两极间的电压急剧下降为零，使间隙中的介质及时消除电离，恢复绝缘性能。到此，完成一次脉冲放电过程。此后，两极间的电压再次升高，重复上述脉冲放电过程。多次脉冲放电的结果，将零件沿电极丝运动轨迹切割成所需的形状和尺寸，完成电火花线切割加工。

实现电火花线切割加工必须具备下列基本条件：

(1) 必须有足够的放电能量，以保证放电部位的金属迅速熔化和汽化。

(2) 必须是瞬时的脉冲放电，以使放电所产生的热量来不及传导到其他部分，使每次熔化和气化的金属微粒极小，保证加工精度。

(3) 必须要有合适的脉冲间歇。在一次脉冲放电之后，如果没有放电间歇，就会产生连续的电弧，烧伤零件表面，从而无法保证尺寸精度和表面粗糙度。连续的电弧产生的高温会使电极丝迅速损耗，造成断丝，使加工无法进行。如果放电间歇时间过短，电腐蚀物和气泡来不及排除，就会改变间隙中介质成分和绝缘强度，影响电离过程，所以要保证合适的间歇，使电腐蚀物和气泡及时排除，为下一阶段脉冲放电做好准备。

(4) 必须保证电极丝和零件之间始终保持一定距离以形成放电间隙。一旦电极丝和零件之间发生短路，它们之间的电压就会降为零，不再发生放电。间隙的大小与加工电压及介质有关。控制系统可通过调节进给速度来保证一定放电间隙并在发生短路时使电极丝回退以消除短路。

(5) 放电必须在具有一定绝缘性的液体介质中进行,它既要避免电极丝和零件之间发生短路,又要在电场力的作用下发生电离,形成导电通道。液体介质还要有良好的流动性以便将电蚀产物从放电间隙中排除并对电极丝进行冷却。

只有具备了以上基本条件,电火花线切割才能顺利进行。

2. 线切割机床加工的特点

电火花线切割机床广泛用于冲模、挤压模、塑料模、电火花加工型腔模等所用电极的加工(见表 7-1)。由于电火花线切割加工技术的普遍应用及加工速度和精度的迅速提高,目前电火花切割机床已达到可与坐标磨床相竞争的程度。例如中小型冲模,过去采用凹凸模分开,曲线磨削的方法加工,现在改用电火花线切割整体加工,使其配合精度提高,制造周期缩短,成本降低。目前许多线切割机床采用四轴联动,可以加工锥体、直纹曲面体等零件。

表 7-1　电火花线切割加工的应用领域

应 用 领 域	应 用 举 例
模具加工	冲模、粉末冶金模、拉拔模、挤压模等
电火花成形加工的电极加工	形状复杂的电极、穿孔用电极、带锥度电极等
轮廓量规、刀具、样板的加工	各种卡板量具、模板、成形刀具等
试制品和特殊形状零件的加工	试制件、单件、小批量零件、凸轮、异型槽、窄槽、淬火零件等
特殊用途、特殊材料零件的加工	材料试样、硬质合金、半导体材料、化纤喷嘴等

电火花线切割加工归纳起来有以下一些特点:

(1) 可以加工用一般切削加工方法难以加工或无法加工的形状复杂的零件。加工不同的零件只需编制不同的控制程序,对不同形状的零件能容易地实现自动化加工,更适合于小批量形状复杂零件、单件和试制品的加工,加工周期短。

(2) 电极丝在加工中作为"刀具"不直接接触零件,两者之间的作用力很小,因而不要求电极丝、零件及夹具有足够的刚度,以抵抗切削变形。因此可以加工低刚度零件。

(3) 电极丝材料不必比零件材料硬,便可以加工一般切削加工方法难以加工和无法加工的金属材料和半导体材料。在加工中作为刀具的电极丝无须刃磨,可节省辅助时间及刀具刃磨费用。

(4) 直接利用电、热能进行加工,可以方便地对影响加工精度的加工参数(如脉宽、间歇、电流等)进行调整,有利于加工精度的提高,便于实现加工过程的自动化。

(5) 与一般切削加工相比,线切割加工的金属去除率低,因此加工成本高,不适合形状简单的大批量零件的加工。

以上电火花切割的优点使它成为机械行业不可缺少的先进加工方法。

3. 线切割机床的组成

数控电火花线切割机床主要由床身、工作台、走丝机构、锥度切割装置、立柱、供液系统、控制系统及脉冲电源等部分组成。

（1）床身是机床主机的基础部件，作为工作台、立柱、储丝筒等部件的支承基础。

（2）工作台由工作台面、中拖板和下拖板组成。工作台面用以安装夹具和被切割零件，中拖板和下拖板是由步进电动机、变速齿轮、滚珠丝杠传动副和滚动导轨组成的一个 X 向、Y 向的坐标驱动系统，用以完成零件切割的成形运动。由于工作台的移动精度直接影响零件的加工质量，因此各拖板均采用滚珠丝杠传动副和滚动导轨，便于实现精确和微量移动，且运动灵活、平稳。

（3）走丝机构是电火花线切割机床的重要组成部分，用于控制电极丝沿 Z 轴方向进入与离开放电区域，其结构形式多样，根据走丝速度可分为快走丝机构和慢走丝机构。快走丝机构主要由储丝筒、走丝滑座、走丝电动机、张丝装置、丝架和导轮等部件组成。储丝筒是缠绕并带动电极丝做高速运动的部件，安装在走丝滑座上，电极丝一般采用钼丝，其传动系统如图 7.2 所示。它采用钢制薄壁空心圆柱体结构，装配后整体精加工制成，精度高、惯性小，通过弹性联轴器由走丝电动机直接带动高速旋转，走丝速度等于储丝筒直径上的线速度，速度可调，同时通过同步齿形带以一定传动比带动丝杠旋转使走丝滑座沿轴向移动。为使储丝筒自动换向实现连续正、反向运动，走丝滑座上置有左、右行程限位挡块，当储丝筒轴向运动到接近电极丝供丝端终端时，行程限位挡块碰到行程开关，立即控制储丝筒反转，使供丝端成为收丝端，电极丝则反向移动，如此循环即可实现电极丝的往复运动。

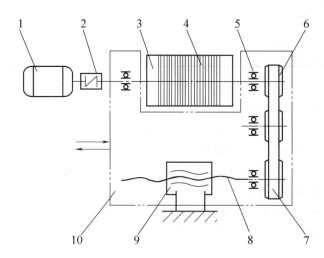

图 7.2　快走丝机构的储丝筒传动系统

1—走丝电动机；2—联轴器；3—储丝筒；4—电极丝；5—轴承；6—齿轮；7—同步齿形带；
8—丝杠；9—床身螺母；10—走丝滑座

快走丝机构的张丝装置由紧丝重锤、张紧轮和张丝滑块等构成。图 7.3 所示，紧丝重锤在重力作用下带动张丝滑块和张紧轮沿导轨产生预紧力作用，从而使加工过程中电极丝始终处于拉紧状态，防止电极丝因松弛、抖动造成加工不稳定或脱丝。

慢走丝机构主要包括供丝绕线轴、伺服电动机恒张力控制装置、电极丝导向器和电极丝自动卷绕机构。电极丝一般采用成卷的黄铜丝，可达数千米长、数十千克重，预装在供丝绕线轴上，为防止电极丝散乱，轴上装有力矩很小的预张力电动机。图 7.4 所示切割时电极丝的行走路径为：整卷的电极丝由供丝绕线轴送出，经一系列轮组、恒张力控制装置、上部导向器引至工作台处，再经下部导向器和导轮走向自动卷绕机构，被拉丝卷筒和压紧卷筒夹住，靠拉丝卷筒的等速回转使电极丝缓慢移动。在运行过程中，电极丝由丝架支撑，通过电极丝自动卷绕机构中两个卷筒的夹送作用，确保电极丝以一定的速度运行；并依靠伺服电动机恒张力控制装置，在一定范围内调整张力，使电极丝保持一定的直线度，稳定地运行。电极丝经放电后就成为废弃物，不再使用，被送到专门的收集器中或被再卷绕至收丝卷筒上回收。

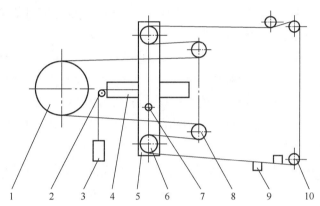

图 7.3　快走丝机构的张丝装置组成

1—储丝筒；2—定滑轮；3—重锤；4—导轨；5—张丝滑块；6—张紧轮；7—固定销孔；

8—副导轮；9—导电块；10—主导轮

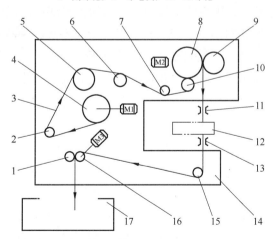

图 7.4　慢走丝机构的组成

M1—预张力电动机；M2—恒张力控制伺服电动机；M3—电极丝自动卷绕电动机；1，9，10—压紧卷筒；2—滚筒；

3—电极丝；4—供丝绕线轴；5，6，7，15—导轮；8—恒张力控制轮；11—上导向器；12—零件；13—下导向器；

14—丝架；16—拉丝卷筒；17—废丝回收箱

(4) 锥度切割装置用于加工某些带锥度零件的内外表面，在线切割机床上广泛采用，其结构形式也有多种，比较常见的是数控四轴联动锥度切割装置。它是由位于立柱头部的两个步进电动机直接与两个滑动丝杠相连带动滑板做 U 向、V 向坐标移动，与坐标工作台的 X、Y 轴驱动构成数控四轴联动，使电极丝倾斜一定的角度，从而达到零件上各个方向的斜面切割和上下截面形状异形加工的目的。进行锥度切割时，保持电极丝与上、下部导轮(或导向器)的两个接触点之间的直线距离一定，是获得高精度的重要前提。为此，有的机床具有 Z 轴设置功能以设置这种导向间距。

(5) 立柱是走丝机构、Z 轴和锥度切割装置的支撑基础件，它的刚度直接影响零件的加工精度。在立柱头部装有滑枕、滑板等部件，滑枕通过手轮、齿轮及齿条可在滑板上作 Z 轴坐标移动，它带动斜度切割装置及上导轮部件上下移动，以适应对薄厚不同零件的加工。

(6) 供液系统是线切割机床不可缺少的组成部分。电火花线切割加工必须在有一定绝缘性能的液体介质中进行，以利于产生脉冲性的火花放电。另外，由于线切割加工切缝窄且火花放电区的温度很高，因此排屑和防止电极丝烧断是非常重要的问题。加工时必须充分连续地向放电区域供给清洁的工作液，以保证脉冲放电过程持续稳定地进行。

工作液的主要作用是：及时排除其间的电蚀产物；冷却电极丝和零件；对放电区消电离；冲刷导轮及导电块上的堆积物。

工作液种类很多，常见的有乳化液、去离子水及煤油等。快走丝线切割时采用的工作液一般是油酸钾皂乳化液，液压泵抽出储液箱里的工作液，流经上、下供液管被压送到加工区域，随后经坐标工作台中的回液管流回储液箱，经分级过滤后继续使用；慢走丝线切割时一般采用去离子水做工作液，即将自来水通过离子交换树脂净化器去除水中的离子后供使用。

(7) 控制系统是机床完成轨迹控制和加工控制的主要部件，现大多采用计算机数控系统，其作用是控制电极丝相对零件的运动轨迹以及走丝系统、供液系统的正常工作，并能按加工要求实现进给速度调整、接触感知、短路回退及间隙补偿等控制功能。从进给伺服系统的类型来说，快走丝电火花线切割机床大多采用较简单的步进电动机开环系统，慢走丝电火花线切割机床则大多是伺服电动机加码盘的半闭环系统，仅在一些少量的超精密线切割机床上采用伺服电动机加磁尺或光栅的全闭环系统。

(8) 脉冲电源是线切割机床最为关键的设备之一，对线切割加工的表面质量、加工速度、加工过程的稳定性和电极丝损耗等都有很大影响。采用脉冲电源是因为放电加工必须是脉冲性、间歇性的火花放电，而不能是持续性的电弧放电。图 7.5 所示，T 为脉冲周期，在脉冲间隔时间 T_{OFF} 内，放电间隙中的介质完成消电离，恢复绝缘强度，使下一个脉冲能在两极间击穿介质放电，一般脉冲间隔 T_{OFF} 应为脉冲宽度 T_{ON} 的 5 倍以上。此外，受加工表面粗糙度和电极丝允许承载电流的限制，线切割加工总是采用正极性加工，即零件接脉冲电源正极，电极丝接脉冲电源负极。

常用的脉冲电源类型有晶体管脉冲电源、并联电容式脉冲电源、高频交流式脉冲电源及自适应控制脉冲电源等。

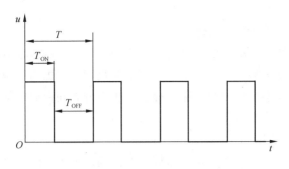

图 7.5　脉冲周期波形

7.1.2　加工工艺指标

1. 加工工艺指标

电火花线切割加工工艺指标主要包括切割速度、表面粗糙度、加工精度等。此外，放电间隙、电极丝损耗和加工表面层变化也是反映加工效果的重要内容。

2. 影响工艺指标的因素

影响工艺指标的因素很多，如机床精度、脉冲电源的性能、工作液脏污程度、电极丝与零件材料及切割工艺路线等。脉冲电源的波形与参数对材料的电腐蚀过程影响极大，它们决定着放电痕(表面粗糙度)蚀除率、切缝宽度的大小和钼丝的损耗率，进而影响加工的工艺指标。

目前广泛应用的脉冲电源波形是矩形波，下面以矩形波脉冲电源为例，说明脉冲参数对加工工艺指标的影响。矩形波脉冲电源的波形如图 7.6 所示，它是晶体管脉冲电源中使用最普遍的一种波形，也是电火花线切割加工中行之有效的波形之一。

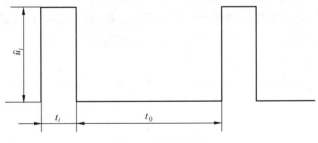

图 7.6　矩形波脉冲

1) 短路峰值电流对工艺指标的影响

当其他工艺条件不变时，增加短路峰值电流，切割速度提高，表面粗糙度变差。这是因为短路峰值电流大，表明相应的加工电流峰值就大，单个脉冲能量亦大，所以放电痕大，故切割速度高，表面粗糙度差。增大短路峰值电流，不但使零件放电痕变大，而且使电极丝损耗变大，这两者均使加工精度稍有降低。

2) 脉冲宽度对工艺指标的影响

在一定工艺条件下，增加脉冲宽度，可使切割速度提高，但表面粗糙度变差。这是因为脉冲宽度增加，使单个脉冲放电能量增大，则放电痕也大。同时，随着脉冲宽度的增加，电极丝损耗变大。

3）脉冲间隔对工艺指标的影响

在一定的工艺条件下，减小脉冲间隔，切割速度提高，表面粗糙度 Ra 稍有增大，这表明脉冲间隔对切割速度影响较大，对表面粗糙度影响较小。因为在单个脉冲放电能量确定的情况下，脉冲间隔较小，致使脉冲频率提高，即单位时间内放电加工的次数增多，平均加工电流增大，故切割速度提高。

4）开路电压对工艺指标的影响

在一定的工艺条件下，随着开路电压峰值的提高，加工电流增大，切割速度提高，表面变粗糙。因电压高使加工间隙变大，所以加工精度略有降低。但间隙大，有利于放电产物的排除和消电离，提高加工稳定性和脉冲利用率。

实践表明，改变矩形波脉冲电源的一项或几项电参数，对工艺指标的影响很大，操作时须根据具体的加工对象和要求，全面考虑诸因素及其相互影响关系。选取合适的电参数，既要满足主要加工要求，又得注意提高各项加工指标。

3．根据加工对象合理选择电参数

1）要求切割速度高时

当脉冲电源的空载电压高、短路电流大、脉冲宽度大时，则切割速度高。但是切割速度和表面粗糙度的要求是互相矛盾的两个工艺指标，所以，必须在满足表面粗糙度的前提下再追求高的切割速度，而且切割速度还受到间隙消电离的限制，也就是说，脉冲间隔也要适宜。

2）要求表面粗糙度好时

若切割的零件厚度在 80mm 以内，则选用分组波的脉冲电源为好，它与同样能量的矩形波脉冲电源相比，在相同的切割速度条件下，可以获得较好的表面粗糙度。

无论是矩形波还是分组波，其单个脉冲能量小，则 Ra 值小。也就是说，脉冲宽度小、脉冲间隔适当、峰值电压低；峰值电流小时，表面粗糙度较好。

3）要求电极丝损耗小时

多选用前阶梯脉冲波形或脉冲前沿上升缓慢的波形，由于这种波形电流的上升率低，故可以减小电极丝损耗。

4）要求切割厚零件时

选用矩形波、高电压、大电流、大脉冲宽度和大的脉冲间隔可充分消电离，从而保证加工的稳定性。

如加工模具厚度为 20～60mm，表面粗糙度 Ra 值为 1.6～3.2μm，脉冲电源的电参数可在如下范围内选取：

脉冲宽度 4～20μs　　　　　　　加工电流 1～2A　　　　脉冲电压 80～100V

切割速度为 15～40mm²/min　　　功率管数 2～4 个

选择上述的下限参数，表面粗糙度 Ra 为 1.6μm，随着参数的增大，表面粗糙度值增至 3.2μm。

加工薄零件和试切样板时，电参数应取小些，否则会使放电间隙增大。

4. 合理选择进给速度

1) 进给速度调得过快

超过零件的蚀除速度，会频繁地出现短路，造成加工不稳定，使实际切割速度反而降低，加工表面呈褐色，零件上下端面处有过烧现象。

2) 进给速度调得太慢

大大落后于零件可能的蚀除速度，电极间将开路，使脉冲利用率过低，切割速度大大降低，加工表面呈淡褐色，零件上下端面处有过烧现象。

3) 进给速度调得适宜

加工稳定，切割速度高，加工表面细而亮，丝纹均匀，可获得较好的表面粗糙度和较高的精度。

7.2　数控线切割编程的基本方法

7.2.1　数控线切割机床编程基础

1. 数控线切割机床坐标系

数控线切割机床主要由主机、机床电气箱、工作液箱、自适应脉冲电源和数控系统等组成。机床的工作台分上下拖板(上拖板代工作台面)，均可独立前后运动，下拖板移动方向为 X 轴，上拖板移动方向为 Y 轴，如图 7.7 所示。

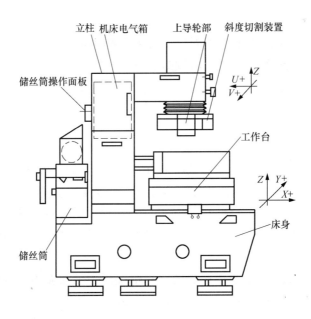

图 7.7　线切割机床外形图

2. 线切割加工程序编制的步骤

编程时，首先应对图样规定的技术特性、零件的几何形状、尺寸及工艺要求进行分析，确定加工方法和加工路径；再进行数值计算，获得加工数据；然后，按机床规定的编程代码和程序格式，将零件的尺寸、切割轨迹、偏移量、加工参数等编制成加工程序；编写完成的程序一般要经过检验才能正式加工。

3. 编程格式

数控线切割程序编制的方法有手工编程和自动编程，一般简单形状的线切割加工可以采用手工编程。我国线切割机床常用的手工编程的程序格式为 3B、4B 格式，为了便于国际交流和标准化，正在逐渐向 ISO 代码过渡。

7.2.2　3B 编程

3B 格式为无间隙补偿的五指令程序，其格式为 BXBYBJGZ，见表 7-2。

表 7-2　3B 程序格式

B	X	B	Y	B	J	G	Z
分隔符号	X 坐标值	分隔符号	Y 坐标值	分隔符号	计数长度	计数方向	加工指令

1. 分隔符号 B

因 X、Y、J 均为数值码(单位均为 μm)，用 B 分隔 X、Y 和 J 的数值。

2. 坐标值 X、Y

编程时对 X、Y 坐标值只输入绝对值，数字为零时可以不写，但必须留分隔符号。加工与 X、Y 轴不重合的斜线时，取加工的起点为切割坐标系的原点，X、Y 值为终点的坐标值，允许将 X、Y 值按相同比例放大或缩小。加工圆弧时，坐标原点取在圆心，X、Y 为起点坐标值。

3. 计数方向 G

计数方向可按 X 方向或 Y 方向记数，记为 G_X 或 G_Y，为了保证加工精度，正确选择记数方向非常重要。加工斜线时，计数方向的选择可以以 45° 为界线，如图 7.8 所示。若斜线(终点坐标为 X_e、Y_e)位于 ±45° 以内时，取 G_X，反之取 G_Y。若斜线正好为 ±45°，计数方向可任意选择。即 $|X_e| > |Y_e|$ 时，取 G_X；$|Y_e| > |X_e|$ 时，取 G_Y；凡 $|X_e| = |Y_e|$，取 G_X 或 G_Y 均可。

加工圆弧时，计数方向取决于圆弧的终点情况。加工圆弧的终点坐标(X_e、Y_e)在如图 7.9 所示的阴影区时，计数方向取 G_X，反之取 G_Y。即 $|X_e| > |Y_e|$ 时，取 G_Y；$|Y_e| > |X_e|$ 时，取 G_X；$|X_e| = |Y_e|$ 时，取 G_X 或 G_Y 均可。

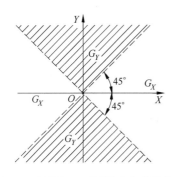

图 7.8　斜线加工时计数方向的选取

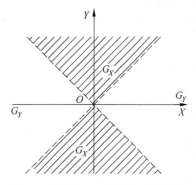

图 7.9　圆弧加工时计数方向的选取

4. 计数长度 J

计数长度是指被加工图形在计数方向上的投影长度(即绝对值)的总和，单位均为 μm。对计数长度 J，有些线切割机床规定应写满 6 位数，如计数长度为 2009，写为 002009。

5. 加工指令 Z

加工指令 Z 用来传递被加工图形的形状、所在象限和加工方向等信息。控制系统根据加工指令，正确选用偏差计算公式，进行偏差计算并控制工作台进给方向，从而实现自动加工。加工指令共有 12 种，分为直线和圆弧两类。加工直线时，按切割走向和终点所在象限分为 L_1(含 X 轴正向)、L_2(含 Y 轴正向)、L_3(含 X 轴负向)、L_4(含 Y 轴负向)4 种。若直线与坐标轴重合，编程时取 X、Y 为 0。加工圆弧时，按圆弧起点所在象限和切割走向的顺、逆而分为 SR_1、SR_2、SR_3、SR_4 及 NR_1、NR_2、NR_3、NR_4 8 种，如图 7.10 所示。

6. DD 为程序结束

【例 7.1】 加工图 7.11 所示零件，按 3B 格式编写该零件的线切割加工程序。

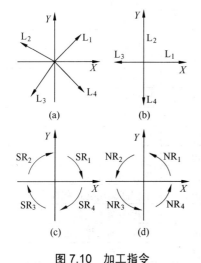

图 7.10　加工指令

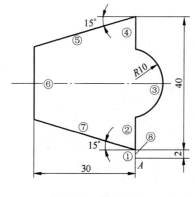

图 7.11　编程零件

(1) 确定加工路线。起始点为 A，加工路线按照图中所标的①→②→③→…→⑧段的顺序进行。①段为切入，⑧段为切出，②～⑦段为程序零件轮廓。

(2) 分别计算各段曲线的坐标值。

(3) 按 3B 格式编写程序清单，程序如下。

加工程序：

```
B0      B2000   B2000   GY  L2          起点为 A，①段切入
B0      B10000  B10000  GY  L2          加工直线段②
B0      B10000  B20000  GX  NR4         加工圆弧③
B0      B10000  B10000  GY  L2          加工直线段④
B30000  B8040   B30000  GX  L3          加工直线段⑤
B0      B23920  B23920  GY  L4          加工直线段⑥
B30000  B8040   B30000  GX  L4          加工直线段⑦
B0      B2000   B2000   GY  L4          直线段⑧切出
DD
```

7.2.3　ISO 代码编程

表 7-3 所示为我国生产的 MDVIC EDW 快走丝电火花线切割机床采用的 ISO 指令代码，与国际上使用的标准基本一致。

下面仅对线切割加工中的一些特殊指令作简要说明。

表 7-3　数控线切割机床常用 ISO 指令代码

代码	功　能	代码	功　能
G00	快速定位	G55	加工坐标系 2
G01	直线插补	G56	加工坐标系 3
G02	顺圆插补	G57	加工坐标系 4
G03	逆圆插补	G58	加工坐标系 5
G05	X 轴镜像	G59	加工坐标系 6
G06	Y 轴镜像	G80	接触感知
G07	X、Y 轴交换	G82	半程移动
G08	X 轴镜像，Y 轴镜像	G84	微弱放电找正
G09	X 轴镜像，X、Y 轴交换	G90	绝对坐标
G10	Y 轴镜像，X、Y 轴交换	G91	增量坐标
G11	Y 轴镜像，X 轴镜像，X、Y 轴交换	G92	定起点
G12	消除镜像	M00	程序暂停
G40	取消间隙补偿	M02	程序结束
G41	左偏间隙补偿，D 偏移量	M05	接触感知解除
G42	右偏间隙补偿，D 偏移量	M96	主程序调用文件程序
G50	消除锥度	M97	主程序调用文件结束
G51	锥度左偏，A 角度值	W	下导轮到工作台面高度
G52	锥度右偏，A 角度值	H	零件厚度
G54	加工坐标系 1	S	工作台面到上导轮高度

1. **G05、G06、G07、G08、G09、G10、G11、G12：镜像及交换指令**

在加工零件时，常遇到零件上的加工要素是对称的，此时可用镜像及交换指令进行加工。

G05：X 轴镜像，函数关系式：Y=−Y。

G06：Y 轴镜像，函数关系式：X=−X。

G07：X、Y 轴交换，函数关系式：X=Y，Y=X。

G08：X 轴镜像，Y 轴镜像，函数关系式：X=−X，Y=−Y，即 G08=G05+G06。

G09：X 轴镜像，X、Y 轴交换，即 G09=G05+G07。

G10：Y 轴镜像，X、Y 轴交换，即 G10=G06+G07。

G11：X 轴镜像，Y 轴镜像。X、Y 轴交换，即 G11=G05+G06+G07。

G12：消除镜像，每个程序镜像结束后使用。

2. **G50、C51、G52：锥度加工指令**

G51：锥度左偏指令，程序格式：C51 A

G52：锥度右偏指令，程序格式：G52 A

G50：锥度取消指令，程序格式：G50

其中 A 为倾斜角度，如为 5° 写为 A5。

锥度加工是通过驱动 U、V 工作台(轴)实现的。U、V 工作台通常装在上导轮部位，在进行锥度加工时，控制系统驱动 U、V 工作台，使上导轮相对 X、Y 工作台平移，带动电极丝在所要求的锥角位置上移动。加工带锥度的零件时，要正确使用锥度加工指令。顺时针加工型孔时，锥度左偏(使用 G51 指令)加工出来的型孔为上大下小，锥度右偏(使用 G52 指令)加工出来的型孔为上小下大；逆时针加工时，锥度左偏加工出来的型孔为上小下大，锥度右偏加工出来的型孔为上大下小。对于 U、V 工作台装在上导轮部位的线切割机床，锥度加工时，以零件底面(工作台面)为编程基准，如图 7.12 所示。顺时针加工时，沿着电极丝前进的方向，上导轮带动电极丝向左倾斜实现上大下小为锥度左偏，使用 G51 指令。逆时针加工时，沿着电极丝前进的方向，上导轮带动电极丝向右倾斜实现上大下小为锥度右偏，使用 G52 指令。锥度加工时，还需输入零件及工作台参数(见图 7.12)。

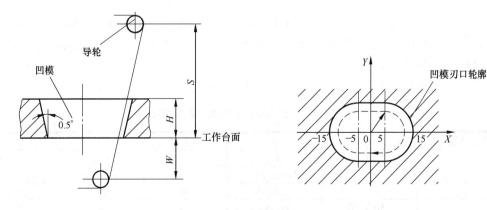

图 7.12　锥度加工情况

图 7.12 中：W——下导轮中心到工作台面的距离，mm；H——零件厚度，mm；S——工作台到上导轮中心高度，mm。

3. G54、G55、C56、G57、G58、G59 为加工坐标系设置指令

多孔零件加工时，可以设定不同的程序零点。利用 G54～G59 建立不同的加工坐标系，其坐标系的原点(程序零点)可设在每个型孔便于编程的某一点上，使尺寸计算简单，编程方便。

4. G80、G82、G84 为手动操作指令

G80：接触感知指令，使电极丝从当前位置移动到接触零件后停止。

G82：半程移动指令，使加工位置沿指定坐标轴返回一半的距离，即当前坐标系中坐标值一半的位置。

G84：校正电极丝指令，通过微弱放电校正电极丝与工作台垂直，在加工前一般先要进行校正。

5. 辅助功能指令

M00：程序暂停，按【Enter】键后才能执行下面的程序。
M02：程序结束。
M05：接触感知解除。
M96：程序调用。

7.2.4　典型零件的程序编制

(1) 编制加工图 7.13 所示的零件的加工程序，钼丝当前的位置为坐标原点。

用 ISO 格式编程
```
G92X0Y0
G90G01G41D110X5000Y4000
G03X5000Y16000I0J6000
G01X21000Y16000
G03X21000Y4000I0J-6000
G01X5000Y4000
G40G01X0Y0
M02
```

用 3B 格式编程
```
B5000  B4000  B5000  GX  L1
B0  B6000  B12000  GX  NR4
B16000  B0  B16000  GX  L1
B0  B6000  B12000  GX  NR2
B16000  B0  B16000  GX  L3
B5000  B4000  B5000  GX  L3
DD
```

(2) 数控线切割机床上加工图 7.14 所示凹模型孔。加工中采用直径为 0.2mm 的钼丝作电极丝，单边放电间隙为 0.01mm。建立编程坐标系，按平均尺寸计算凹模刃口轮廓交点及圆心坐标。试编制加工程序。

经计算凹模刃口轮廓交点及圆心坐标如表 7-4 所示。

表7-4　凹模刃口轮廓交点及圆心坐标

交点及圆心	X	Y	交点及圆心	X	Y
A	3.4270	9.4157	F	−50.0250	−16.0125
B	−14.6976	16.0125	G	−14.6976	−16.0125
C	−50.0250	16.0125	H	3.4270	−9.4157
D	−50.0250	9.7949	O	0	0
E	−50.0250	−9.7949	O₁	60	9

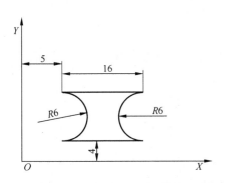

图 7.13　线切割编程实例 1

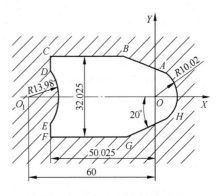

图 7.14　线切割编程实例 2

```
G92 X0 Y0
G41 D110
G01 X3427 Y9416
G01 X-14698 Y16013
G01 X-50025 Y16013
G01 X-50025 Y9795
G02 X-50025 Y-9795 I-9975 J-9795
G01 X-50025 Y-16013
G01 X-14698 Y-16013
G01 X3427 Y-9416
G03 X3427 Y9416 I0 J9416
G40 G01 X0 Y0
M02
```

(3) 加工图 7.15 所示的零件，零件的厚度为 20mm，锥度为 5°，试编制加工程序。

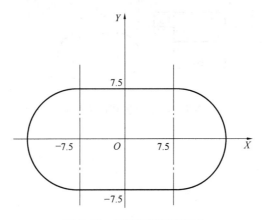

图 7.15　线切割编程实例 3

```
G92 X0 Y0
W60000
H20000
S200000
G42 D110
```

```
G52 A5
G01 X7500 Y7500
G02 X-7500 Y7500 I0 J7500
G01 X-7500 Y-7500
G02 X-7500 Y-7500 I0 J7500
G01 X7500 Y7500
G50
G40
G01 X0 Y0
M02
```

(4) 编制图 7.16 所示多型孔零件线切割加工程序。钼丝直径为 0.18mm，单边放电间隙为 0.01mm，穿丝孔位于型孔的几何中心，图中尺寸为平均尺寸。试编制加工程序。偏移量 D=(0.18/2+0.01)=0.1mm。

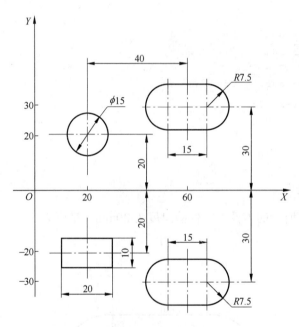

图 7.16　线切割编程实例 4

线切割程序如下：

```
An2      (主程序程序名)
G90      (绝对坐标)
G54      (坐标系 1)
G92 X0 Y0
G00 X20000 Y20000;
M00      (程序暂停，在穿丝孔中穿钼丝)
M96 B：yuan. (调用 B 盘文件，yuan 为加工 φ15mm 孔子程序文件名)
M00      (拆钼丝)
G54
```

```
G00  X60000  Y30000
M00      (装钼丝)
M96  B: key. (调用 B 盘文件，key 为加工键槽子程序文件名)
M00      (拆钼丝)
G54
G00  X60000  Y-30000
M00      (装钼丝)
M96B: key.
M00      (拆钼丝)
G54
G00  X20000  Y-20000
M00      (装钼丝)
M96  B: fang(调用 B 盘文件，fang 为加工方孔子程序文件名)
M97
M02      (主程序结束)
Yuan(子程序程序名：图 7.17(a)圆孔)
G55
G92  X0  Y0
G42  D100
G01  X7500  Y0
G02  X-7500  Y0  I-7500  J0
G40
G01  X0  Y0
M02
Key(子程序程序名：图 7.17(b)键槽孔)
G56
G92  X0  Y0
G42  D100
G01  X7500  Y7500
G02  X7500  Y-7500  I0  J-7500
G01  X-7500  Y-7500
G02  X-7500  Y7500  I0  J7500
G01  X7500  Y7500
G40
G01  X0  Y0
M02
Fang[子程序程序名：图 7.17(c)方孔]
G57
G92  X0  Y0
G41  D100
G01  X0  Y5000
G01  X-10000  Y5000
G01  X-10000  Y-5000
G01  X10000  Y-5000
```

```
G01 X10000 Y5000
G01 X0 Y5000
G40
G01 X0 Y0
M02
```

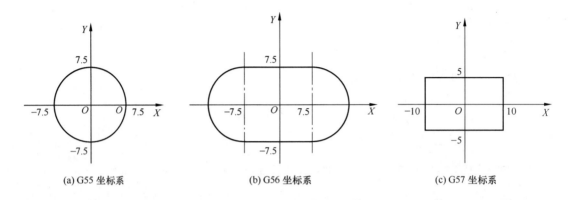

(a) G55 坐标系　　　　　　　　(b) G56 坐标系　　　　　　　(c) G57 坐标系

图 7.17　子程序坐标系

思考与练习

1. 简述数控电火花线切割加工的原理。
2. 电火花线切割加工的特点有哪些?
3. 线切割加工时，怎样合理选择电参数?
4. 线切割编程的特点是什么?
5. 试用 3B 格式编制图 7.18、图 7.19 所示零件的线切割加工程序(单位：mm)。

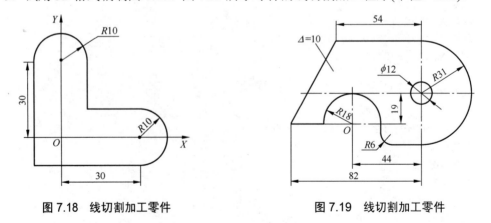

图 7.18　线切割加工零件　　　　　　　图 7.19　线切割加工零件

6. 试分别用 3B、ISO 格式编制图 7.20 所示零件的线切割加工程序(单位：mm)。

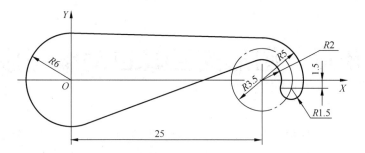

图 7.20　线切割加工零件

第8章 图形交互式自动编程应用

教学提示：计算机辅助图形交互式自动编程即 CAD/CAM 集成数控编程系统。其具有编程效率高、速度快、精度高、直观性好、使用简单、便于检查等优点，适用于复杂零件的编程。借助 MasterCAM 等 CAD/CAM 软件，经过二维三维图形的造型，加工工艺、机床和刀具参数的输入，刀具轨迹的自动生成，数控程序的后置处理等步骤，可以自动生成被加工复杂零件的数控加工程序。

教学要求：通过本章学习，学生应该掌握计算机辅助图形交互式自动编程系统的原理、组成和步骤等内容，并重点掌握 MasterCAM 软件在数控加工中的应用方法。

8.1 图形交互式自动编程概述

8.1.1 图形交互式自动编程的基本概念

在为复杂的零件编制数控加工程序时，刀具运行轨迹的计算非常复杂，计算相当繁琐且易出错，程序量大，手工编程很难胜任，即使能够编制出，往往耗费很长时间。因此，必须采用计算机辅助编制数控加工程序。

计算机辅助编程的特点是应用计算机代替人的许多工作，人可以不参加计算、数据处理、编写程序单等工作。计算机能经济地完成人无法完成的复杂零件的刀具中心轨迹的编程工作，而且能完成更快、更精确的计算，那种手工计算中经常出现的计算错误在计算机辅助编程中消失了。

计算机辅助数控编程技术主要体现在两个方面，即用 APT(Automatically Programed Tool)语言自动编程和用 CAD(计算机辅助设计)/CAM(计算机辅助制造)一体化数控编程语言进行图形交互式自动编程。

APT 语言是用专用语句书写源程序，将其输入计算机，由 APT 处理程序经过编译和运算，输出刀具轨迹，然后再经过后置处理，把通用的刀位数据转换成数控机床所要求的数控指令格式。采用 APT 语言自动编程可将数学处理及编写加工程序的工作交给计算机完成，从而提高了编程的速度和精度，解决某些手工编程无法解决的复杂零件的编程问题。然而，这种方法也有不足之处。由于 APT 语言是开发得比较早的计算机数控编程语言，而当时计算机的图形处理功能不强，所以必须在 APT 源程序中用语言的形式去描述本来十分直观的几何图形信息及加工过程，再由计算机处理生成加工程序，致使这种编程方法直观性差，编程过程比较复杂且不易掌握，编制过程中不便于进行阶段性检查。

近年来，由于计算机技术发展得十分迅速，计算机的图形处理功能有了很大的增强，使得零件设计和数控编程连成一体，CAD/CAM 集成数控编程系统便应运而生，它普遍采用图形交互自动编程方法，通过专用的计算机软件来实现。这种软件通常以机械计算机辅助设计(CAD)软件为基础，利用 CAD 软件的图形编辑功能将零件的几何图形绘制到计算机上，形成零件的图形文件，然后调用数控编程模块，采用人机对话的方式在计算机屏幕上指定被加工的部位，再输入相应的加工参数，计算机就可自动进行必要的数学处理并编制出数控加工程序，同时在计算机屏幕上动态地显示出刀具的加工轨迹。很显然，这种编程方法与手工编程和用 APT 语言编程相比，具有速度快、精度高、直观性好、使用简单、便于检查等优点。20 世纪 90 年代中期以后，CAD/CAM 集成数控编程系统向集成化、智能化、网络化、并行化和虚拟化方向迅速发展。

本章主要讲解图形交互式自动编程系统(CAD/CAM 系统)的原理与应用。

8.1.2　CAD/CAM 集成数控编程系统的原理与应用

1. CAD/CAM 集成数控编程系统的原理

CAD/CAM 集成数控编程是以待加工零件 CAD 模型为基础的一种集加工工艺规划(Process Planning)及数控编程为一体的自动编程方法。其中零件 CAD 模型的描述方法很多，适用于数控编程的方法主要有表面模型(Surface Model)和实体模型(Solid Model)，其中表面模型在数控编程应用中较为广泛。以表面模型为基础的 CAD/CAM 集成数控编程系统习惯上称为图像数控编程系统。

CAD/CAM 集成数控编程的主要特点是零件的几何形状可在零件设计阶段采用 CAD/CAM 集成系统的几何设计模块在图形交互方式下进行定义、显示和修改，最终得到零件的几何模型。数控编程的一般过程包括刀具的定义或选择、刀具相对于零件表面的运动方式的定义、切削加工参数的确定、进给轨迹的生成、加工过程的动态图形仿真显示、程序验证直到后置处理等，一般都是在屏幕菜单及命令驱动等图形交互方式下完成的，具有形象、直观和高效等优点。

与以表面模型为基础的数控编程方法相比，以实体模型为基础的数控编程方法较为复杂。基于表面模型的数控编程系统一般仅用于数控编程，也就是说，其零件的设计功能(或几何造型功能)是专为数控编程服务的，针对性很强，易于使用，典型的软件系统有 MasterCAM、SurfCAM 等数控编程系统，其编程原理和过程如图 8.1(a)所示。而基于实体模型的数控编程系统则不同，其实体模型一般都不是专为数控编程服务的，甚至不是为数控编程而设计的。因此，为了用于数控编程往往需要对实体模型进行可加工性分析，识别加工特征(Machining Feature)(加工表面或加工区域)，并对加工特征进行加工工艺规划，最后才能进行数控编程，其中每一步可能都很复杂，需要在人机对话方式下进行，其数控编程的原理与过程如图 8.1(b)所示。

2. CAD/CAM 集成数控编程系统的组成

一个集成化的 CAD/CAM 数控编程系统，一般由几何造型、刀具轨迹生成、刀具轨迹编辑、刀具轨迹验证、后置处理、图形显示、几何模型内核、运行控制及用户界面等组成，如图 8.2 所示。整个系统的核心是几何模型内核。

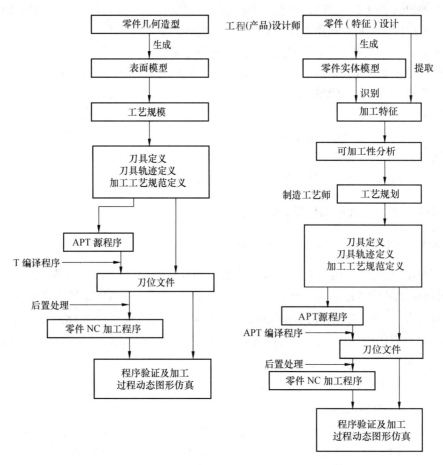

(a) 基于表面模型的数控编程系统　　　　(b) 基于实体模型的数控编程系统

图 8.1　CAD/CAM 集成系统数控编程的原理与过程

图 8.2　CAD/CAM 集成数控编程系统的组成

在几何造型模块中，常用的几何模型包括表面模型(Surface Model)、实体模型(Solid Model)和加工(特征)单元模型(Machined Feature Model)。在集成化的 CAD/CAM 系统中，应用最为广泛的几何模型表示方法是边界表示法(B-Rep: Boundary Representation)和结构化实体几何法(CSC: Constructive Solid Geometry)。在现代 CAD/CAM 系统中，最常用的几何模型内核主要有两种，Parasolid 和 ACIS。

多轴刀具轨迹生成模块直接采用几何模型中加工(特征)单元的边界表示模式，根据所选用的刀具及加工方式进行刀位计算，生成数控加工刀具轨迹。

刀具轨迹编辑根据加工单元的约束条件对刀具轨迹进行裁剪、编辑和修改。

刀具轨迹验证一方面检验刀具轨迹是否正确，另一方面检验刀具是否与加工单元的约束面发生干涉和碰撞，其次是检验刀具是否啃切加工表面。

图形显示贯穿整个设计与加工编程过程的始终。

用户界面提供给用户一个良好的操作环境。

运行控制模块支持用户界面所有的输入方式到各功能模块之间的接口。

3. CAD/CAM 集成数控编程系统的应用

1) 熟悉系统的功能与使用方法

全面了解系统的功能和使用方法有助于正确运用该系统进行零件数控加工程序编制。

(1) 了解系统的功能框架。首先，应了解 CAD/CAM 集成数控编程系统的总体功能框架，包括造型设计、二维工程绘图、装配、模具设计、制造等功能模块，以及每一个功能模块所包含的内容，特别应关注造型设计中的草图设计、曲面设计、实体造型以及特征造型的功能，因为这些是数控编程的基础。

(2) 了解系统的数控加工编程能力。一个系统的数控编程能力主要体现在以下几个方面：

① 适用范围：车削、铣削、线切割等。

② 可编程的坐标数：点位、二坐标、三坐标、四坐标及五坐标。

③ 可编程的对象：多坐标点位加工编程、表面区域加工编程(是否具备多曲面曲域的加工编程)、轮廓加工编程、曲面交线及过渡区域加工编程、型腔加工编程、曲面通道加工编程等。

④ 有无刀具轨迹的编辑功能，有哪些编辑手段，如刀具轨迹变换、裁剪、修正、删除、转置、匀化(刀位点加密、浓缩和筛选)、分割及连接等。

⑤ 有无刀具轨迹验证功能，有哪些验证手段，如刀具轨迹仿真、刀具运动过程仿真、加工过程模拟和截面法验证等。

(3) 熟悉系统的界面和使用方法。通过系统提供的手册示例或教程，熟悉系统的操作界面和风格，掌握系统的使用方法。

(4) 了解系统的文件管理方式。零件的数控加工程序是以文件形式存在的。在实际编程时，往往还要构造一些中间文件，如零件模型(或加工单元)文件、工作过程文件(日志文件)、几何元素(曲线、曲面)的数据文件、刀具文件、刀位原文件、机床数据文件等。在使用之前应熟悉系统对这些文件的管理方式以及它们之间的关系。

2) 零件图及加工工艺分析

零件图及加工工艺分析是数控编程的基础，所以计算机辅助编程和手工编程、APT 语言编程一样也首先要进行这项工作。目前，由于国内计算机辅助工艺过程设计(CAPP)技术尚未达到普及应用阶段，因此该项工作还不能由计算机承担，仍需依靠人工进行。因为计算机辅助编程需要将零件被加工部位的图形准确地绘制在计算机上，并需要确定有关零件的装夹位置、零件坐标系、刀具尺寸、加工路线及加工工艺参数等数据之后才能进行编程，所以，作为编程前期工作的零件图及加工工艺分析的任务主要有：

(1) 分析待加工表面。一般来说，在一次加工中，只需对加工零件的部分表面进行加工，主要内容有：确定待加工表面及其约束面，并对其几何定义进行分析，必要时需对原始数据进行一定的预处理，要求所有几何元素的定义具有唯一性。

(2) 确定加工方法。根据零件毛坯形状及其约束面的几何形态，并根据现有机床设备条件，确定零件的加工方法及所需的机床设备和工夹量具。

(3) 选择合适的刀具。可根据加工方法和加工表面及其约束面的几何形态选择合适的刀具类型及刀具尺寸。但对于某些复杂曲面零件，则需要对加工表面及其约束面的几何形态进行数值计算，根据计算结果才能确定刀具类型和刀具尺寸，这是因为，对于一些复杂曲面零件的加工，希望所选择的刀具加工效率高，同时又希望所选择的刀具符合加工表面的要求，且不与非加工表面发生干涉或碰撞。不过，在某些情况下，加工表面及其约束面的几何形态数值计算很困难，只能根据经验和直觉选择刀具，这时，便不能保证所选择的刀具是合适的，在刀具轨迹生成之后，需要进行一定的刀具轨迹验证。

(4) 确定编程原点及编程坐标系。一般根据零件的基准面(或孔)的位置以及待加工表面及其约束面的几何形态，在零件毛坯上选择一个合适的编程原点及编程坐标系(也称零件坐标系)。

(5) 确定加工路线并选择合理的工艺参数。

3) 几何造型

对待加工表面及其约束面进行造型是数控加工编程的第一步。对于 CAD/CAM 集成数控编程系统来说，一般可根据几何元素的定义方式，在前述零件分析的基础上，对加工表面及其约束面进行几何造型。几何造型就是利用计算机辅助编程软件的图形绘制、编辑修改、曲线曲面造型等有关指令将零件被加工部位的几何图形准确地绘制在计算机屏幕上，与此同时，在计算机内自动形成零件的图形数据文件，作为下一步刀具轨迹计算的依据。

4) 刀具轨迹生成

计算机辅助编程的刀具轨迹生成是面向屏幕上的图形交互进行的。一般可在所定义的加工表面(或加工单元)上确定其外法向矢量方向，并选择一种进给方式，根据所选择的刀具(或定义的刀具)和加工参数，系统将自动生成所需的刀具轨迹。所要求的加工参数包括：安全平面、主轴转速、进给速度、线性逼近误差、刀具轨迹间的残留高度、切削深度、加工余量、进刀/退刀方式等。当然，对于某一加工方式来说，可能只要求其中的部分加工参数。

刀具轨迹生成后，若系统具备刀具轨迹显示及交互编辑功能，则可以将刀具轨迹显示出来，如果有不妥之处，可在人机交互方式下对刀具轨迹进行适当的编辑与修改。

刀具轨迹计算的结果存放在刀位原文件中(.cls)。

5) 刀具轨迹验证

如果系统具有刀具轨迹验证功能，对于可能过切、干涉与碰撞的刀位点，采用系统提供的刀具轨迹验证手段进行检验。

需要说明的是，对于非动态图形仿真验证，由于刀具轨迹验证需要大量应用曲面求交算法，计算时间较长，最好是在批处理方式下进行，检验结果存放在刀具轨迹验证文件中，供分析和图形显示用。

6) 后置处理

后置处理的目的是形成数控指令文件。由于各种机床使用的控制系统不同，所以所用的数控指令文件的代码及格式也有所不同。为解决这个问题，软件通常设置一个后置处理文件。在进行后置处理时，应根据所选用的数控系统，调用其机床数据文件，运行数控编程系统提供的后置处理程序，将刀位原文件转换成适应该数控系统的加工程序。

8.2 典型零件 CAD/CAM 实例

MasterCAM 是基于 PC 平台的 CAD/CAM 集成系统，其便捷的造型和强大的加工功能使其得到了广泛的应用，MasterCAM 软件分为设计(CAD)和加工(CAM)两大部分。其中，设计(CAD)部分主要由 Design 模块来实现，它具有完整的曲线曲面功能，不仅可以设计和编辑二维、三维空间曲线，还可以生成方程曲线；采用 NURBS、PARAMETERICS 等数学模型，可以多种方法生成曲面，并具有丰富的曲面编辑功能。加工(CAM)部分主要由 Mill、athe 和 Wire 三大模块来实现，各个模块本身都包含有完整的设计(CAD)系统，其中 Mill 模块可以用来生成铣削加工刀具路径，并可以进行外形铣削、型腔加工、钻孔加工、平面加工、曲面加工以及多轴加工等的模拟；Lathe 模块可以用来生成车削加工刀具路径，并可以进行粗/精车、切槽以及车螺纹的加工模拟；Wire 模块可以用来生成线切割激光加工路径，从而能高效地编制出任何线切割加工程序，可进行 2~4 轴上下异形加工模拟，并支持各种 CNC 控制器。本节通过实例，介绍如何应用 MasterCAM X2 系统进行计算机辅助设计与制造。

1. 加工的一般流程

MasterCAM 系统加工的一般流程是：利用 CAD 模块设计产品的 3D 模型，利用 CAM 模块产生 NCI 文件，通过 POST 后处理产生 NC 文件(数控设备可以执行的代码)。

2. 加工的工作原理

下面通过一个加工实例来向用户阐述 MasterCAM X2 系统加工的工作原理，主要包括如何产生合理的刀具路径，选择合适的 POST 后处理器产生 NC 程序，以及分析 NC 程序所代表的意义，以便用户可以快速掌握和使用系统的加工命令。

根据图 8.3 所示为加工的几何图形对象，具体操作步骤如下：

(1) 执行菜单栏中的"File"→"Open"命令，打开文件"LI.MCX"，如图 8.3 所示。

(2) 执行菜单栏中的"Machine Type"→"Mill"→"Default"命令。

(3) 执行菜单栏中的"Toolpath"→"Contour Toolpath"命令。

(4) 系统提示选择串联外形，选择图 8.4 所示的串联外形 P1，单击串联选择对话框中的"确认"按钮☑️。

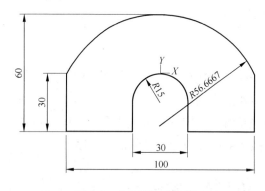

图 8.3　加工的几何图形

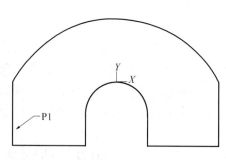

图 8.4　串联外形

(5) 系统弹出图 8.5 所示的外形铣削对话框，在刀具栏空白区域右击，在弹出的菜单中从刀具库选择刀具命令"Tool manager"，系统弹出图 8.6 所示刀具库对话框，选择 ϕ8mm 平铣刀，单击"加入"按钮🔼或者双击，结果如图 8.7 所示，单击"确定"按钮☑️。

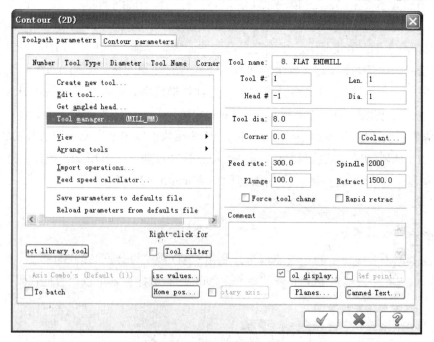

图 8.5　外形铣削对话框

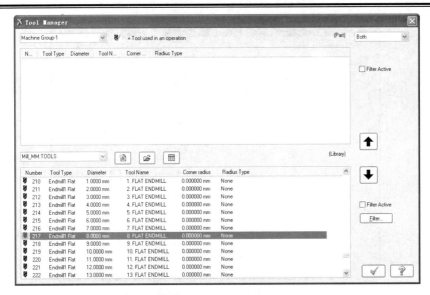

图 8.6　刀具库对话框

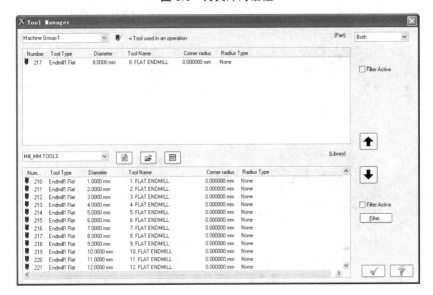

图 8.7　刀具库对话框

(6) 系统弹出图 8.8 所示的设置刀具参数对话框，在刀具栏中选择 *Φ* 8mm 平铣刀，设置刀号 Tool# 为 1，长度补偿号 Len. 为 1，半径补偿号 Dia. 为 1，平面进给率 Feed rate 为 300，进刀速率 Plunge 为 100，转速 Spindle 为 2000，退刀速率 Retract 为 1500，单击"确定"按钮☑。

(7) 在图 8.9 所示外形参数选项卡 Contour parameters 中，选择安全高度 Clearance 复选框，输入下刀高度 Feed plane，输入加工深度 Depth，选择转角走刀方式为 None，单击"刀具导入/导出"按钮 Lead in/out，设置如图 8.10 所示的刀具导入/导出参数，单击"确认"按钮☑。单击外形参数设置对话框中的"确认"按钮☑，结束外形参数设置，产生的刀具路径如图 8.11 所示。

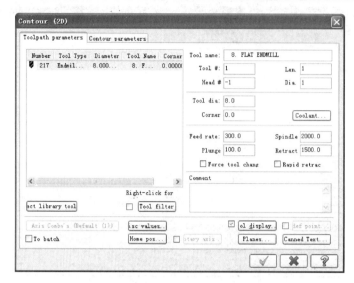

图 8.8　设置刀具参数

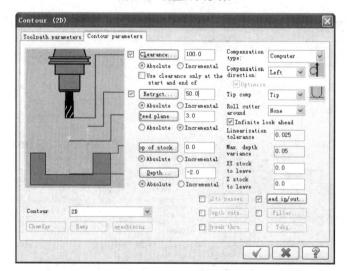

图 8.9　外形参数选项卡

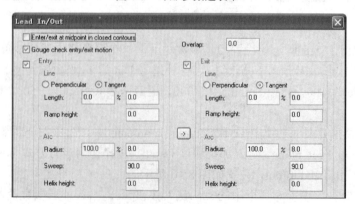

图 8.10　刀具导入/导出参数

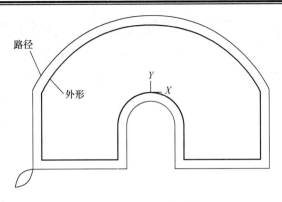

图 8.11　产生的刀具路径

(8) 单击顶部工具栏中的"等角视图"按钮⊕，单击图 8.12 所示加工操作管理器中的"实体加工模拟"按钮●，再单击图 8.13 所示"实体加工模拟执行"按钮▶，模拟加工结果如图 8.14 所示。

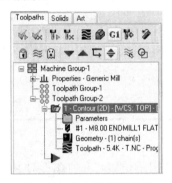

图 8.12　加工操作管理器

图 8.13　实体加工模拟执行

(9) 单击图 8.12 所示加工操作管理器中的"POST 后处理"按钮 **G1**，系统弹出图 8.15 所示的后处理参数设置对话框，单击"执行"按钮☑，系统又弹出 NC 文件管理器，输入文件名"LI"，单击"保存"按钮 保存(S)，系统弹出如图 8.16 所示 NC 程序编辑器，显示产生的 NC 程序。

图 8.14　模拟加工结果

图 8.15　后处理参数设置对话框

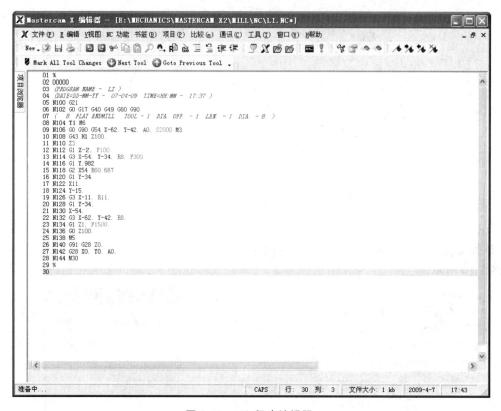

图 8.16　NC 程序编辑器

(10) 下面分析 NC 程序中相关参数的意义，图 8.17 所示是加工几何图形对象的刀具路径中各个点的坐标，以便于进一步分析 NC 程序，各点坐标是几何图形对象和刀具 $\Phi 8$ 平铣刀计算的结果。

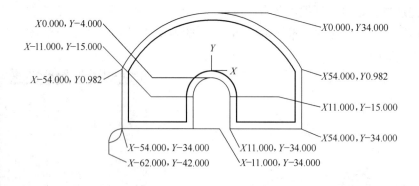

图 8.17　刀具路径中各个点的坐标

(11) NC 程序分析如下：

%　　　　　　　　　　　　　　　　　　　　程序开始

O0000

(PROGRAM NAME - LI)　　　　　　　　　　　程序名称

(DATE=DD-MM-YY - 07-04-09 TIME=HH	程序创建时间
: MM - 15：28)	
N100 G21	采用公制单位
N102 G0 G17 G40 G49 G80 G90	程序初始化, 安全模式
(8. FLAT ENDMILL TOOL - 1 DIA. OFF.	刀具参数
- 1 LEN. - 1 DIA. - 8)	
N104 T1 M6	1 号刀具加工
N106 G0 G90 G54 X-62. Y-42. A0. S2000 M3	主轴正转, 刀具快速移动到点(-62, -42)
N108 G43 H1 Z100.	刀具长度补偿, 刀具下降到安全高度
N110 Z3.	快速下降到"下刀位置"Z3
N112 G1 Z-2. F100.	以 F100 速率进行, 切削深度 Z-2
N114 G3 X-54. Y-34. R8. F300.	逆圆弧引入切削至点(-54, -34)
N116 G1 Y.982	线性切削
N118 G2 X54. R60.667	顺圆弧切削
N120 G1 Y-34.	线性切削
N122 X11.	线性切削
N124 Y-15.	线性切削
N126 G3 X-11. R11.	逆圆弧切削
N128 G1 Y-34.	线性切削
N130 X-54.	线性切削
N132 G3 X-62. Y-42. R8.	逆圆弧引出切削至点(-62, -42)
N134 G1 Z1. F1500.	以 F1500 速率进行退刀
N136 G0 Z100.	刀具上升到安全高度
N138 M5	主轴停止
N140 G91 G28 Z0.	Z 轴回参考点(机械原点)
N142 G28 X0. Y0. A0.	XY 轴回参考点(机械原点)
N144 M30	程序结束, 并返回起始行
%	

程序补充说明:

① 程序中 A0 表示 X 轴无旋转, 绕 X 轴旋转时, 指令为 A1; 绕 Y 轴旋转时, 指令为 B1; 绕 Z 轴旋转时, 指令为 C1。

② 程序初始化, 包括系统自动选择 XY 平面为加工平面(G17), 取消刀具半径补偿 (G40), 取消刀具长度补偿(G49), 取消指令循环(G80)。

③ 指令 G0 为快速点定位, G1 为直线插补指令, G2 为顺圆弧插补指令, G3 为逆圆弧插补指令, G43 为刀具长度补偿指令, H1 为长度补偿寄存器号, G90 为绝对坐标指令, G91 为相对坐标指令, G28 为返回参考点指令, M6 为换刀指令, M3 为主轴正转, M5 为主轴停止指令, M30 为程序结束指令。

(12) 关闭 NC 程序编辑器。

思考与练习

1．比较手工编程、APT 语言自动编程、图形交互式自动编程的优缺点。各用于什么样的零件加工？

2．图形交互式自动编程主要有哪些软件？

3．简述 CAD/CAM 图形交互式自动编程系统的原理与组成。

4．在计算机上装上 MasterCAM 软件，模仿书中的步骤，在计算机上完成图 8.2 的自动编程。

5．加工时在 MasterCAM 软件中如何选择机床、刀具、切削速度、切削深度、切削宽度和主轴的转速？

6．试总结 MasterCAM 软件自动编程的步骤。

第9章 数控机床的结构

教学提示：根据数控机床的结构特点，按其精度要求有不同的设计标准，突出数控机床的结构特点，以达到不同的刚度与精度要求。数控机床机械控制系统的工作过程强调，对设计的机械参数的选择，典型部件的选取，通常由合理选择数控机床的结构形式；结构形式的合理布局；采取补偿构件的结构措施，机械系统控制机械量进行描述，即采用数控机床特殊结构方法来实现。

教学要求：根据数控机床的结构特点，数控机床有不同典型结构，明确数控机床对结构的要求；机械系统控制机械量进行描述的含义，重点理解数控机床结构工作原理的概念，包括数控机床结构设计的基本要求、数控机床结构刚度与精度；掌握数控机床典型部件的选取与工作原理，具体有主轴部件、滚珠丝杠螺母副、静压导轨、回转工作台等；掌握数控机床典型结构特点，并能灵活的应用。

9.1 数控机床的结构设计

9.1.1 数控机床结构设计的要求

数控机床与同类的普通机床在结构上虽然十分相似，但是仔细考察就会发现两者之间存在很大的差异，这是由于数控机床的工作原理和加工特点所决定的。

1. 自动保证稳定的加工精度

图 9.1 所示为普通机床和数控机床，从控制零件寸的角度来分析，两者是有很大差异的。在普通机床上加工零件时操作者直接检测零件的实际加工尺寸，和图纸的要求相比较后，调整操纵手柄以修正加工偏差。操作者实际上起到了测量、调节和控制装置的作用，由他完成了测量、运算比较和调节控制的功能。可以说操作者实际上处于控制回路之内，是控制系统中的某些环节。而在数控机床上加工零件时，一切都按预先编制的加工程序自动进行，操作者只发出启动命令，监视机床的工作情况，在加工过程中并不直接测量零件尺寸，而是由数控装置根据程序指令和机床位置检测装置的测量结果，控制刀具和零件的相对位置，从而达到控制零件尺寸的目的。

这样，如果由于机床的温升引起热变形、导轨磨损、刀具磨损、机床—刀具—零件的工艺系统的弹性变形，以及进给运动的定位误差等因素，使刀具和零件的相对位置偏离了理论值，将造成零件的加工误差。因此，在设计数控机床时，对于影响机床加工精度的各项因素，如机床的刚度、抗振性、摩擦磨损、温升及热变形、进给运动的定位精度等，都应给予足够的重视。

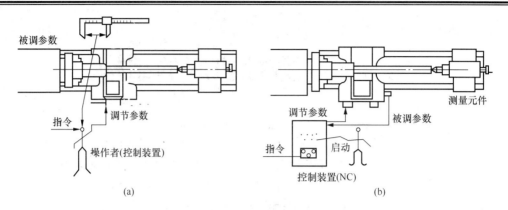

图 9.1　普通机床和数控机床的差异

(a) 普通机床；(b) 数控机床

2. 提高加工能力和切削效率

由于数控机床比较昂贵，投资较大，为取得与投资相应的经济效益，应使数控机床的使用率高、承受负荷的能力大。机床上总是采用工作能力最强的刀具，来最大限度地提高切削功率和切削效率。数控机床的传动功率比普通机床要大，以适应切削功率不断提高的需要。因此，数控机床的结构上要有良好的刚性、抗振能力、承载能力和使用寿命。

3. 提高使用效率

在数控机床上加工零件的单件工时，往往只有普通机床的 1/4，甚至更短。这是因为，一方面数控机床提高了切削效率，缩短了切削时间；另一方面，在数控机床上还采取各种措施来缩短辅助时间。数控机床是全自动化的机床，从自动化的控制原理上，将变速操作，尺寸测量等辅助时间减到了极少。此外还尽量缩短装卸刀具，装卸搬运零件，检查加工精度、调整机床等项辅助时间。加工中心即自动换刀的数控机床正是在这种思路指导之下发展起来的，它具有自动换刀、零件自动转位或分度等功能，使零件在一次装夹后可以完成多个表面的多种工序加工。因此，机床上必须具有完成这些辅助动作自动化的结构与部件。

综上所述，数控机床的功能和设计要求与普通机床有着很大的差异。数控机床的结构设计要求可以归纳为如下几方面：

(1) 具有切削功率大，静、动刚度高和良好的抗振性能；

(2) 具有较高的几何精度、传动精度、定位精度和热稳定性；

(3) 具有实现辅助操作自动化的结构部件。

当然，有关提高静、动刚度，抗振性能，热稳定性和几何精度等方面的要求和结构措施，对于普通机床和数控机床的设计都是一致的，但是要求的程度应该是有差异的。对普通机床的结构进行局部的改进，并配上经济简易的数控装置，使之成为数控机床，这是现有普通机床进行数控化的途径。但是不能因此就认为，将数控装置与普通机床连接在一起就构成了一台数控机床。下面将详述数控机床设计的主要要求。

9.1.2　提高机床的结构刚度

机床的刚度是指在切削力和其他力的作用下，抵抗变形的能力。数控机床要求具有更高的静刚度和动刚度，标准规定数控机床的刚度系数应比类似的普通机床高 50%。

机床在加工过程中，承受各种外力的作用。承受的静态力有运动部件和零件的自重，承受的动态力有：切削力、驱动力、加速和减速所引起的惯性力、摩擦阻力等。机床的各个部件在这些力的作用下，将产生变形。例如：固定连接表面或运动啮合表面的接触变形，各个支承部件的弯曲和扭转变形，以及某些支承构件的局部变形等。这些变形都会直接或间接地引起刀具和零件之间的相对位移，从而引起零件的加工误差，或者影响机床切削过程的特性。

由于情况复杂，一般很难对结构刚度进行精确的理论计算。设计者只能对部分构件(如轴、丝杠等)用计算方法求算其刚度，而对于床身、立柱、工作台、箱体等零部件的弯曲和扭转变形，接合面的接触变形等，只能将其简化进行近似计算，计算结果往往与实际相差很大，故只能作为定性分析的参考。近年来，在机床设计中也开始采用有限元法进行计算，但是一般来讲，在设计时仍然需要对模型、实物或类似的样机进行试验、分析和对比以确定合理的结构方案。尽管如此，遵循下述原则和措施，是可以合理地提高机床的结构刚度。

1. 合理选择构件的结构形式

1) 正确选择截面的形状和尺寸

构件承受弯曲和扭转载荷后，其变形大小取决于断面的抗弯和抗扭惯性矩，抗弯和抗扭惯性矩大的其刚度就高。表 9-1 列出了在断面积相同(即重量相同)时各断面形状的惯性矩。从表中的数据可知：形状相同的断面，当保持相同的截面积时，应减小壁厚，加大截面的轮廓尺寸；圆形截面的抗扭刚度比方形截面的大，抗弯刚度则比方形截面的小；封闭式截面的刚度比不封闭式截面的刚度大很多；壁上开孔将使刚度下降，在孔周加上凸缘可使抗弯刚度得到恢复。

表 9-1　各断面形状的惯性

序号	截面形状	惯性矩计算值/cm⁴		序号	截面形状	惯性矩计算值/cm⁴	
		惯性矩相对值				惯性矩相对值	
		抗弯	抗扭			抗弯	抗扭
1	$\phi113$	$\dfrac{800}{1.0}$	$\dfrac{1600}{1.0}$	6	100×100	$\dfrac{833}{1.01}$	$\dfrac{1400}{0.88}$
2	$\phi113$ / $\phi160$ (23.5)	$\dfrac{2420}{3.02}$	$\dfrac{1840}{3.02}$	7	100 / 142	$\dfrac{2563}{3.21}$	$\dfrac{2040}{1.27}$
3	$\phi160$ / $\phi196$ (18)	$\dfrac{1030}{5.04}$	$\dfrac{8060}{5.04}$	8	200×50	$\dfrac{3333}{1.17}$	$\dfrac{680}{0.13}$

续表

序号	截面形状	惯性矩计算值/cm⁴ 惯性矩相对值 抗弯	抗扭	序号	截面形状	惯性矩计算值/cm⁴ 惯性矩相对值 抗弯	抗扭
4	φ160 φ196	108/0.07		9	85 200 235 50	5867/7.35	1316/0.82
5	300 25 10 25 150	15517/19.1	143	10	300 10 150 25 25	2720/3.4	

2) 合理选择及布置隔板和筋条

合理布置支承件的隔板和筋条，可以提高支承件的静动刚度。图 9.2 所示的几种立柱的结构，在内部布置有纵、横和对角筋板，对它进行静、动刚度试验的结果列于表 9-2 中。其中以交叉筋板(序号 5)的作用最好。对于一些薄壁构件，为了减小壁面的翘曲和构件截面的畸变，可以在壁板上设置如图 9.3 所示的筋条，其中以蜂窝状加强筋较好，如图 9.3(f)所示。它除了能提高构件刚度之外，还能减少铸造时的收缩应力。

表 9-2　静、动刚度试验的结果

模型类别 序号	模型类别 模型简图	静刚度 抗弯刚度 相对值	静刚度 抗弯刚度 单位质量刚度相对值	静刚度 抗扭刚度 相对值	静刚度 抗扭刚度 单位质量刚度相对值	动刚度 抗弯刚度相对值	动刚度 抗扭刚度相对值 振型I	动刚度 抗扭刚度相对值 振型II
1	□	1 1	1 1	1 7.9	1 7.9	1 2.3	1.2 —	7.7 44
2	⊟	1.17 1.13	0.94 0.90	1.4 7.9	1.1 6.5	1.2 —	— —	— —
3	⊞	1.14	0.76	2.3 7.9	1.5 5.7	3.8 —	3.8	6.5
4	◻	1.21 1.19	0.90	10 12.2	7.5 9.3	5.8 —	10.5 —	—
5	⊠	1.32	0.81 0.83	18 19.4	10.8 12.2	3.5 —	— —	61
6	⊟	0.91	0.85	15	14	3.0	12.2 —	6.1 42
7	☰	0.85	0.75	17	14.6	2.8 3.0	11.7	6.1 26

注：1. 每一序号中，第一行为无顶板的，第二行为有顶板的。

2. 振型指断面形状有严重畸变的扭振，振型 II 指纯扭转的扭振。

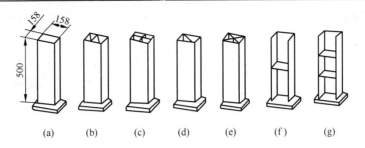

图 9.2 几种立柱的结构

3) 提高构件的局部刚度

机床的导轨和支承件的连接部分，往往是局部刚度最弱的部分，但是联结方式对局部刚度的影响很大。图 9.4 所示为导轨和床身联结的几种形式。如果导轨的尺寸较宽时，应用双壁联结形式如图 9.4(d)、(e)、(f)所示。导轨较窄时可用单壁或加厚的单壁联结，或者在单壁上增加垂直筋条以提高局部刚度。

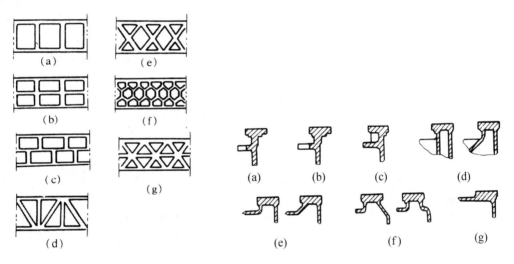

图 9.3 筋条的布置形式   图 9.4 导轨和床身联结的几种形式

4) 选用焊接结构的构件

机床的床身、立柱等支承件，采用钢板和型钢焊接而成，具有减轻重量提高刚度的显著优点。钢的弹性模量约为铸铁的两倍，在形状与轮廓尺寸相同的前提下，如要求焊接件与铸件的刚度相同，则焊接件的壁厚只需铸件的一半；如果要求局部刚度相同，则因局部刚度与壁厚的三次方成正比，所以焊接件的壁厚只需铸件壁厚的 80%左右。此外，无论是刚度相同以减轻重量，或者重量相同以提高刚度，都可以提高构件的固有频率，使共振不易发生。用钢板焊接有可能将构件作成完全封闭的箱形结构，从而有利于提高构件的刚度。

2. 合理的结构布局可以提高刚度

以卧式镗床或卧式加工中心为例进行分析，图 9.5(a)、(b)、(c)所示的 3 种方案的主轴箱是单面悬挂在立柱侧面，主轴箱的自重将使立柱产生弯曲变形；切削力将使立柱产生弯曲和扭转变形。这些变形将要影响到加工精度；方案(d)的主轴箱的主轴中心位于立柱的对称面内，主轴箱的自重不再引起立柱的变形，相同的切削力所引起的立柱的弯曲和扭转变形均大为减少。这就相当于提高了机床的刚度。数控机床的拖板或工作台，由于结构尺寸的限制，厚度尺寸不能设计得太大，但是宽度或跨度又不能减小，因而刚度不足，为了弥补这一缺陷，除了主导轨之外，在悬伸部位增设辅助导轨，可以大大提高拖板或工作台的刚度。图 9.6 所示就是采用辅助导轨的结构实例。

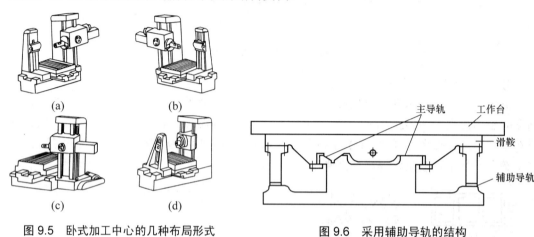

图 9.5　卧式加工中心的几种布局形式　　　　图 9.6　采用辅助导轨的结构

9.2　数控机床主轴部件

主轴部件是机床的一个关键部件，它包括主轴的支承、安装在主轴上的传动零件等。主轴部件质量的好坏直接影响加工质量。无论哪种机床的主轴部件都应能满足下述几个方面的要求：主轴的回转精度、部件的结构刚度和抗振性、运转温度和热稳定性以及部件的耐磨性和精度保持能力等。对于数控机床尤其是自动换刀数控机床，为了实现刀具在主轴上的自动装卸与夹持，还必须有刀具的自动夹紧装置、主轴准停装置和主轴孔的清理装置等结构。

9.2.1　主轴部件的结构设计

1.　主轴端部的结构形状

主轴端部用于安装刀具或夹持零件的夹具在设计要求上，应能保证定位准确、安装可靠、连接牢固、装卸方便，并能传递足够的扭矩。主轴端部的结构形状都已标准化，图 9.7 所示为普通机床和数控机床所通用的几种结构形式。图 9.7(a)所示为车床主轴端部，卡盘靠前端的短圆锥面和凸缘端面定位，用拨销传递扭矩，卡盘装有固定螺栓，卡盘装于主轴端部时，螺栓从凸缘上的孔中穿过，转动快卸卡板将数个螺栓同时栓住，再拧紧螺母将卡盘固牢在主轴端部，主轴为空心前端有莫氏锥度孔，用以安装顶尖或心轴。图 9.7(b)所示为铣、镗类机床的主轴端部，铣刀或刀杆在前端 7∶24 的锥孔内定位，并用拉杆从主轴后端拉紧，而且由前端的端面键传递扭矩。图 9.7(c)所示为外圆磨床砂轮主轴的端部；图 9.7(d)所示为内圆磨床砂轮主轴端部；图 9.7(e)所示为钻床与普通镗床镗杆端部，刀杆或刀具由莫氏锥孔定位，用锥孔后端第一扁孔传递扭矩，第二个扁孔用以拆卸刀具。但在数控镗床上要使用 9.7(b)所示的形式，因为，7∶24 的锥孔没有自锁作用，便于自动换刀时拨出刀具。

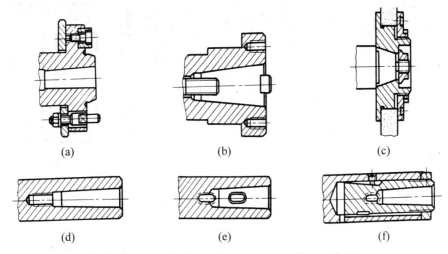

(a)   (b)   (c)

(d)   (e)   (f)

图 9.7　普通机床和数控机床所通用的几种主轴端部的结构形式

2. 主轴部件的支承

机床主轴带着刀具或夹具在支承中作回转运动，应能传递切削扭矩承受切削抗力，并保证必要的旋转精度。机床主轴多采用滚动轴承作为支承，对于精度要求高的主轴则采用动压或静压滑动轴承作为支承。下面着重介绍主轴部件所用的滚动轴承。

1) 主轴部件常用滚动轴承的类型

图 9.8 所示为主轴常用的几种滚动轴承。

图 9.8(a)所示为锥孔双列圆柱滚子轴承，内圈为 1∶12 的锥孔，当内圈沿锥形轴颈轴向移动时，内圈胀大以调整滚道的间隙。滚子数目多，两列滚子交错排列，因而承载能力大、刚性好、允许转速高。它的内、外圈均较薄，因此，要求主轴颈与箱体孔均有较高的制造精度，以免轴颈与箱体孔的形状误差使轴承滚道发生畸变而影响主轴的旋转精度。该轴承只能承受径向载荷。

图 9.8(b)所示为双列推力向心球轴承，接触角为 60°，球径小、数目多，能承受双向轴向载荷。磨薄中间隔套，可以调整间隙或预紧，轴向刚度较高，允许转速高。该轴承一般与双列圆柱滚子轴承配套用作主轴的前支承，并将其外圈外径作成负公差，保证只承受轴向载荷。

图 9.8(c)所示为双列圆锥滚子轴承，它有一个公用外圈和两个内圈，由外圈的凸肩在箱体上进行轴向定位，箱体孔可以镗成通孔。磨薄中间隔套可以调整间隙或预紧，两列滚子的数目相差一个，能使振动频率不一致，明显改善了轴承的动态特性。这种轴承能同时承受径向和轴向载荷，通常用作主轴的前支承。

图 9.8(d)所示为带凸肩的双列圆柱滚子轴承，结构上与图(c)相似，可用作主轴前支承。滚子作成空心的，保持架为整体结构，充满滚子之间的间隙，润滑油由空心滚子端面流向挡边摩擦处，可有效地进行润滑和冷却。空心滚子承受冲击载荷时可产生微小变形，能增大接触面积并有吸振和缓冲作用。

图 9.8(e)所示为带预紧弹簧的单列圆锥滚子轴承，弹簧数目为 16～20 根，均匀增减弹簧可以改变预加载荷的大小。

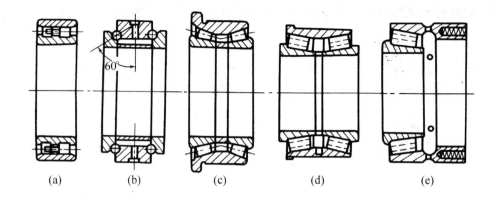

图 9.8　主轴常用的几种滚动轴承

2) 滚动轴承的精度

主轴部件所用滚动轴承的精度有高级 E、精密级 D、特精级 C 和超精级 B。前轴承的精度一般比后支承的精度高一级，也可以用相同的精度等级。普通精度的机床通常前支承取 C、D 级，后支承用 D、E 级。特高精度的机床前后支承均用 B 级精度。

3) 主轴滚动轴承的配置

合理配置轴承，对提高主轴部件的精度和刚度，降低支承温升，简化支承结构有很大的作用。主轴的前后支承均应有承受径向载荷的轴承，承受轴向力的轴承的配置测主要根据主轴部件的工作精度、刚度、温升和支承结构的复杂程度等因素。图 9.9 是常见的几种配置形式的示意图。

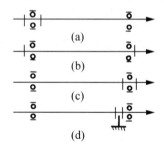

图 9.9　几种常见的配置形式示意

图 9.9(a)所示为后端定位。推力轴承装在后支承的两侧，轴向载荷由后支承承受，这种形式的配置对于细长主轴承受轴向力后可能引起横向弯曲，同时主轴热变形向前伸长，影响加工精度。但这种配置能简化前支承的结构，多用于普通精度的机床的主轴部件。

图 9.9(b)所示为两端定位。推力轴承分别装在前、后支承的外侧，轴承的轴向间隙可以在后端进行调整。但是主轴热伸长后，会改变支承的轴向或径向间隙影响加工精度。这种配置方案一般用于较短或能自动预紧的主轴部件。

图 9.9(c)、(d)所示为前端定位。推力轴承装在前支承，刚度较高，主轴部件热伸长向后，不致影响加工精度。图(c)的推力轴承装在前支承的两侧，会使主轴的悬伸长度增加，影响主轴的刚度；图(d)为两个推力轴承都装在前支承的内侧，这种配置，主轴的悬伸长度

小，但是前支承较复杂，一般高速精密机床的主轴部件都采用这种配置方案。

4) 主轴滚动轴承的预紧

所谓轴承预紧，就是使轴承滚道预先承受一定的载荷，不仅能消除间隙而且还使滚动体与滚道之间发生一定的变形，从而使接触面积增大，轴承受力时变形减小，抵抗变形的能力增大。因此，对主轴滚动轴承进行预紧和合理选择预紧量，可以提高主轴部件的旋转精度、刚度和抗振性，机床主轴部件在装配时要对轴承进行预紧，使用一段时间以后，间隙或过盈有了变化，还得重新调整，所以要求预紧结构便于进行调整。滚动轴承间隙的调整或预紧，通常是使轴承内、外圈相对轴向移动来实现的，常用的方法有以下几种：

(1) 轴承内圈移动。如图 9.10 所示，轴承内圈移动适用于锥孔双列圆柱滚子轴承。用螺母通 1 过套筒推动内圈在锥形轴颈上作轴向移动，使内圈变形胀大，在滚道上产生过盈，从而达到预紧的目的。图 9.10(a)的结构简单，但预紧量不易控制，常用于轻载机床主轴部件；图 9.10(b)用右端螺母限制内圈的移动量，易于控制预紧量；图 9.10(c)在主轴凸缘上均布数个螺钉以调整内圈的移动量，调整方便，但是用几个螺钉调整，易使垫圈歪斜；图 9.10(d)将紧靠轴承右端的垫圈做成两个半环，可以径向取出，修磨其厚度可控制预紧量的大小，调整精度较高。调整螺母一般采用细牙螺纹，便于微量调整。而且在调好后要能锁紧防松。

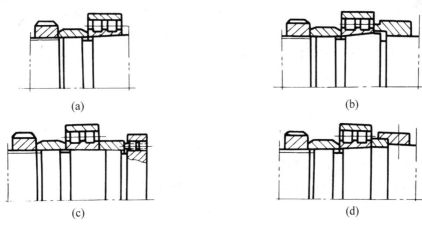

(a)　　　　　　　　　　　　　　　(b)

(c)　　　　　　　　　　　　　　　(d)

图 9.10　轴承内圈移动形式

(2) 修磨座圈或隔套。图 9.11(a)为轴承外圈宽边相对(背对背)安装，这时修磨轴承内圈的内侧；图 9.11(b)为外圈窄边相对(面对面)安装，这时修磨轴承外圈的窄边。在安装时按图示的相对关系装配，并用螺母或法兰盖将两个轴承轴向压拢，使两个修磨过的端面贴紧，这样在使两个轴承的滚道之间产生预紧。另一种方法是将两个厚度不同的隔套放在两轴承内、外圈之间，同样将两个轴承轴向相对压紧，使滚道之间产生预紧，如图 9.12(a)、(b)所示。

3. 主轴的材料和热处理

主轴材料可根据强度、刚度、耐磨性、载荷特点和热处理变形大小等因素来选择。主轴刚度与材质的弹性模量 E 有关。无论是普通钢还是合金钢其 E 值基本相同。因此，对于一般要求的机床其主轴可用价格便宜的中碳钢，45 钢，进行调质处理 HRC22～28；当载荷较大或存在较大的冲击时，或者精密机床的主轴为了减少热处理后的变形，或者需要作轴向移动的主轴为了减少它的磨损时可选用合金钢。常用的合金钢有 40Cr 进行淬硬达到

HRC40～50，或者 20Cr 进行渗碳淬硬达到 HRC56～62。某些高精度机床的主轴材料则选用 38CrMoA1 进行氮化处理，达到 HV850～1000。

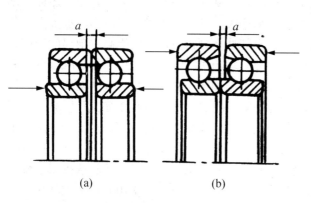

图 9.11　轴承安装形式

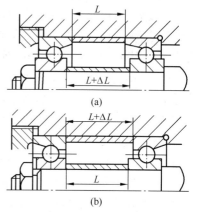

图 9.12　隔套调整安装形式

9.2.2　自动换刀数控铣镗床的主轴部件

图 9.13 是该类机床主轴部件的一种结构方案，主轴前端有 7：24 的锥孔，用于装夹锥柄刀具或刀杆。主轴端面有一键，既可通过它传递刀具的扭矩，又可用于刀具的周向定位。主轴的前支承由 B 级精度的 3182120 型锥孔双列圆柱滚子轴承 2 和 2268120 型双向向心球轴承 3 组成。为了提高前支承的旋可以修磨前端的调整半环(1)和轴承(3)的中间调整环(4)，待收紧锁紧螺母后，可以消除两个轴承滚道之间的间隙并且进行预紧。后支承采用两个 D 级精度的 46115 型向心推力球轴承(10)，修磨中间调整环(11)以进行预紧。

在自动交换刀具时要求能自动松开和夹紧刀具。图示为刀具的夹紧状态，碟形弹簧(13)通过拉杆(7)，双瓣卡爪(5)，在内套(21)的作用下，将刀柄的尾端拉紧。当换刀时，要求松开刀柄，此时，在主轴上端油缸的上腔 A 通入压力油，活塞(14)的端部即推动拉杆(7)向下移动，同时压缩碟形弹簧(13)，当拉杆(7)下移到使卡爪(5)的下端移出套筒时，在弹簧(6)的作用下，卡爪张开，喷气头(20)将刀柄顶松，刀具即可由机械手拔出。待机械手将新刀装入后，油缸(12)的下腔通入压力油，活塞(14)向上移，碟形弹簧伸长将拉杆(7)和卡爪(5)拉着向上，卡爪(5)重新进入套筒(21)，将刀柄拉紧。活塞(14)移动的两个极限位置都有相应的行程开关作用，作为刀具松开和夹紧的回答信号。

活塞(14)对碟形弹簧的压力如果作用在主轴上，并传至主轴的支承，使它承受附加的载荷，这样不利于主轴支承的工作。因此采用了卸荷措施，使对碟形弹簧的压力转化为内力，不致传递到主轴的支承上去。图 9.14 为其卸荷结构，油缸体(6)与连接座(3)固定在一起，但是连接座(3)由螺钉(5)通过弹簧(4)压紧在箱体(2)的端面上，连接座(3)与箱孔为滑动配合。当油缸的右端通入高压油使活塞杆(7)向左推压拉杆(8)并压缩碟形弹簧的同时，油缸的右端面也同时承受相同的液压力，故此，整个油缸连同连接座(3)压缩弹簧(4)而向右移动，使连接座(3)上的垫片(10)的右端面与主轴上的螺母(1)的左端面压紧，因此，松开刀柄时对碟形弹簧的液压力就成了在活塞杆(7)、油缸(6)、连接座(3)、垫圈(10)、螺母碟形弹簧、套环(9)、拉杆(8)之间的内力，因而使主轴支承不致承受液压推力。

　　刀杆尾部的拉紧结构，除上述的卡爪式以外，还有图 9.15(a)所示的弹簧夹头结构，它有拉力放大作用，可用较小的液压推力产生较大的拉紧力，图(b)为钢球拉紧结构。

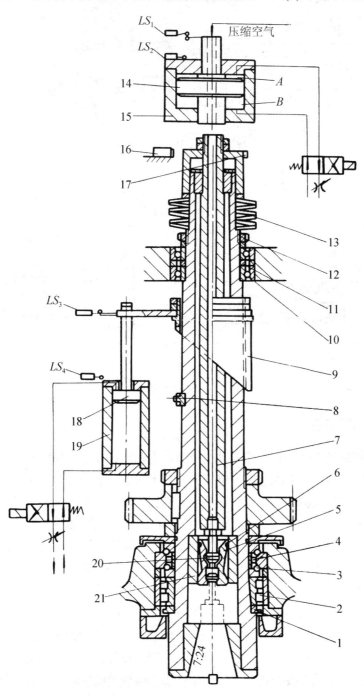

图 9.13　机床主轴部件的一种典型结构示意

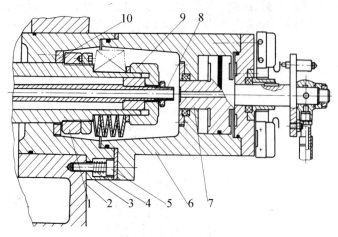

图 9.14 卸荷结构

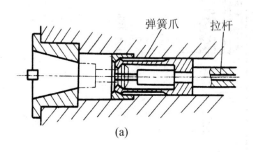
(a)

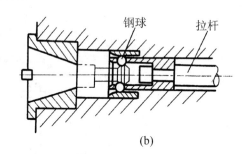
(b)

图 9.15 弹簧夹头结构

9.2.3 主轴的准停装置

所谓准停就是当主轴停转进行刀具交换时，主轴需停在一个固定不变的方位上，因而保证主轴端面的键也在一个固定的方位，使刀柄上的键槽能恰好对正端面键。此外，在通过前壁小孔镗内壁的同轴大孔，或进行反倒角等加工时，要求主轴实现准停，使刀尖停在一个固定的方位上(或在 x 轴方向上，或在 y 轴方向上)，以便主轴偏移一定尺寸后使大刀刃能通过前壁小孔进入箱体内对大孔进行镗削。目前准停装置很多，下面介绍 3 种：

(1) 在主轴上或与主轴有传动联系的传动轴上安装位置编码器或磁性传感器，配合直流或交流调速电机实现纯电器定向准停。这种方法结构简单，准停可靠，动作迅速平稳。

(2) V 形槽轮定位盘准停装置。在主轴上固定一个 V 形槽定位盘，使 V 形槽与主轴上的端面键保持所需要的相对位置关系，如图 9.16 所示。其准停过程是：发出准停指令后，选定主轴的某一固定低转速并启动使主轴回转，无触点行程开关发出信号使主电动机停转并断开主传动链，主轴以及与之相连的传动件由于惯性继续空转，无触点行程开关的信号同时使定位销伸出并接触定位盘，当主轴上定位盘的 V 形槽与定位销对正，定位销插入 V 形槽中使主轴准停。无触点行程开关的接近体应能在圆周方向上进行调整，使 V 形槽与接近体之间的夹角 α 的大小，能保证定位销伸出并接触定位盘后，在主轴停转之前，恰好落入定位盘的 V 形槽内。

(3) 端面螺旋凸轮准停装置。如图 9.17 所示，在主轴上固有一个定位滚子(8)，主轴上空套有一个双向端面凸轮(9)，该凸轮和油缸(19)中的活塞杆(18)相连接，当活塞带动凸轮(9)向下移动时(不转动)，通过拨动定位滚子(8)并带动主轴转动，当定位销落入端面凸轮的 V 形槽内，便完成了主轴准停。因为是双向端面凸轮，所以能从两个方向拨动主轴转动以实现准停。如果主轴停转后，定位滚子(8)恰好落在双向端面凸轮的顶点或称死点上，则不可能拨动主轴转动，这时主轴上的接近体(17)也恰好落在无触点行程开关(16)的工作位置。因此，无触点开关发出信号，启动主轴旋转，实现准停。准停过程如图 9.17 所示。这种双向端面凸轮准停机构，动作迅速可靠，但是凸轮制造较困难。

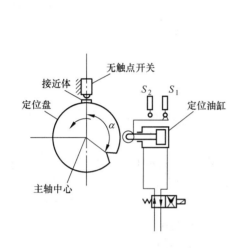

图 9.16 V 形槽轮定位盘准停装置

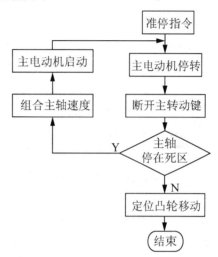

图 9.17 准停过程框图

9.3 进给系统的机械传动结构

数控机床进给系统的机械传动结构，包括引导和支承执行部件的导轨、丝杠螺母副、齿轮齿条副、蜗杆蜗轮副、齿轮或齿链副及其支承部件等。数控机床的进给运动是数字控制的直接对象，被加工零件的最终坐标位置精度和轮廓精度都与其传动结构的几何精度、传动精度、灵敏度和稳定性密切相关。为此，设计和选用机械传动结构时，必须考虑以下几方面问题。

1. 减少摩擦阻力

为了提高数控机床进给系统的快速响应特性，除了对伺服元件提出要求外，还必须减小运动件的摩擦阻力和动、静摩擦力之差。机械传动结构的摩擦阻力，主要来自丝杠螺母副和导轨。在数控机床进给系统中，为了减小摩擦阻力，普遍采用滚珠丝杠螺母副、静压丝杠螺母副、滚动导轨、静压导轨和塑料导轨。在减小摩擦阻力的同时，还必须考虑传动部件有足够的阻尼，以保证它们抗干扰的能力。

2．提高传动精度和刚度

进给传动系统的传动精度和刚度，主要取决于丝杠螺母副、蜗轮蜗杆副(圆周进给时)及其支承结构的刚度。在传动链中设置减速齿轮，可以减小脉冲当量，从系统设计的角度来分析，可以提高传动精度。加大丝杠直径，以及对丝杠螺母副、支承部件、丝杠本身施加预紧力，是提高传动刚度的有效措施。刚度不足还会导致工作台(或拖板)产生爬行和振动。传动间隙主要来自传动齿轮副、蜗杆副、联轴节、丝杠螺母副及其支承部件之间，应施加预紧力或采取消除间隙的结构措施。

3．减小运动惯量

传动元件的惯量对伺服机构的启动和制动特性都有影响，尤其是处于高速运转的零件，其惯性的影响更大。因此，在满足部件强度和刚度的前提下，尽可能减小执行部件的质量，减小旋转零件的直径和质量，以减少运动部件的惯量。

9.3.1　设计传动齿轮副应考虑的问题

进给系统采用齿轮传动装置，是为了使丝杠、工作台的惯量在系统中占有较小的比重；同时可使高转速低转矩的伺服驱动装置的输出变为低转速大扭矩，从而可以适应驱动执行件的需要；另外，在开环系统中还可归算所需的脉冲当量。在设计齿轮传动装置时，除考虑应满足强度、精度之外，还应考虑其速比分配及传动级数对传动件的转动惯量和执行件的失动的影响。增加传动级数，可以减小转动惯量。但级数增加，使传动装置结构复杂，降低了传动效率，增大了噪声，同时也加大了传动间隙和摩擦损失，对伺服系统不利。因此，不能单纯根据转动惯量来选取传动级数，要综合考虑，选取最佳的传动级数和各级的速比。齿轮速比分配及传动级数对失动的影响规律为：级数愈多，存在传动间隙的可能性愈大；若传动链中齿轮速比按递减原则分配传动链的起始端的间隙影响较小，末端的间隙影响大。

9.3.2　消除传动齿轮间隙的措施

由于数控机床进给系统的传动齿轮副存在间隙，在开环系统中会造成进给运动的位移值滞后于指令值；反向时，会出现反向死区，影响加工精度。在闭环系统中，由于有反馈作用，滞后量虽可得到补偿，但反向时会使伺服系统产生振荡而不稳定。为了提高数控机床伺服系统的性能，因此，在设计时必须采取相应的措施，使间隙减小到允许的范围内，通常采取下列方法消除间隙。

1．刚性整调法

刚性调整法是调整后齿侧间隙不能自动补偿的调整法。因此，齿轮的周节公差及齿厚要严格控制，否则影响传动的灵活性。这种调整方法结构比较简单，且有较好的传动刚度。

(1) 偏心轴调整法。如图 9.18 所示，齿轮(1)装在偏心轴套(2)上，调整套(2)可以改变齿轮(1)和齿轮(3)之间的中心距，从而消除了齿侧间隙。

(2) 轴向垫片调整法。如图 9.19 所示，一对啮合着的圆柱齿轮，若它们的节圆直径沿着齿厚方向制成一个较小的锥度，只要改变垫片(3)的厚度就能改变齿轮(2)和齿轮(1)的轴向相对位置，从而消除了齿侧间隙。

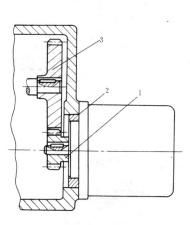 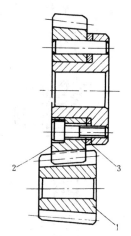

图 9.18　偏心轴调整法　　　　　　　图 9.19　轴向垫片调整法

如图 9.20 所示，在两个薄片斜齿轮(3)和(4)之间加一垫片(2)，将垫片厚度增加或减少 Δt，薄片齿轮(3)和(4)的螺旋线就会错位，分别与宽齿轮(1)的齿槽左、右侧面都可贴紧，消除了间隙。垫片厚度的增减量占与齿侧隙凸的关系，可用下式表示

$$\Delta t = \Delta \cot \beta \tag{9-1}$$

式中，β 为斜齿轮螺旋角。

垫片的厚度采用测试法确定，一般要经过几次修磨垫片厚度，直至消除齿侧间隙使齿轮转动灵活为止。这种调整法结构简单，但调整费事，齿侧间隙不能自动补偿，同时，无论正、反向旋转时，分别只有一薄齿轮承受载荷，故齿轮的承载能力较小。

2. 柔性调整法

柔性调整法是调整之后齿侧间隙仍可自动补偿的调整法。这种方法一般都采用调整压力弹簧的压力来消除齿侧间隙，并在齿轮的齿厚和调节有变化的情况下，也能保持无间隙啮合，但这种结构较复杂，轴向尺寸大、转动刚度底，同时，传动平稳性也差。

1) 轴向压簧调整法

如图 9.21 所示，两个薄片斜齿轮(1)和(2)用键(4)滑套在轴(6)上，用螺母(5)来调节压力弹簧(3)的轴向压力，使齿轮(1)和(2)的左、右齿面分别与宽斜齿轮(7)齿槽的左右侧面贴紧。弹簧力需调整适当，过松消除不了间隙，过紧则齿轮磨损过快。

2) 周向弹簧调整法

如图 9.22 所示，两个齿数相同的薄片齿轮(1)和(2)与另一个宽齿轮相啮合，齿轮(1)空套在齿轮(2)上，可以相对回转。每个齿轮端面分别均匀装有 4 个螺纹凸耳(3)和(8)，齿轮(1)的端面还有 4 个通孔，凸耳(8)可以从中穿过，弹簧(4)分别钩在调节螺钉(7)和凸耳(3)上。旋转螺母(5)和(6)可以调整弹簧(4)的拉力，弹簧的拉力可以使薄片齿轮错位，即两片薄齿轮的左、右齿面分别与宽齿轮齿槽的右、左贴紧，消除了齿侧间隙。

对于圆锥齿轮传动的间隙消除法，其原理与上述方法相同，不再重述。

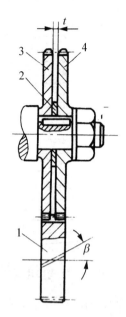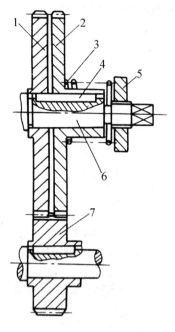

图 9.20　齿侧间隙自动补偿结构　　　　　图 9.21　轴向压簧调整法

3. 滚珠丝杠螺母副

数控机床的进给运动链中，将旋转运动转换为直线运动的方法很多，采用丝杠螺母副是常用的方法之一。

1) 工作原理与特点

滚珠丝杠螺母副的结构原理示意图如图 9.23 所示。在丝杠(3)和螺母(1)上都有半圆弧形的螺旋槽，当它们套装在一起时便形成了滚珠的螺旋滚道。螺母上有滚珠回路管道 b，将几圈螺旋滚道的两端连接起来构成封闭的循环滚道，并在滚道装满滚珠(2)。当丝杠旋转时，滚珠在滚道内既自转又沿滚道循环转动。因而迫使螺母(或丝杠)轴向移动。可知，滚珠丝杠螺母副中是滚动摩擦，它具有以下特点：

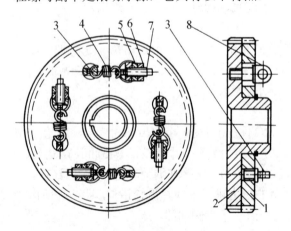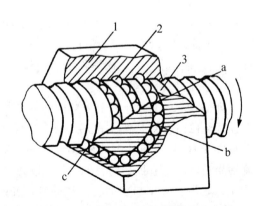

图 9.22　周向弹簧调整法　　　　　图 9.23　滚珠丝杠螺母副的结构原理示意

(1) 摩擦损失小，传动效率高，可达 0.90～0.96。

(2) 丝杠螺母之间预紧后，可以完全消除间隙，提高了传动刚度。

(3) 摩擦阻力小，几乎与运动速度无关，动静摩擦力之差极小，能保证运动平稳，不易产生低速爬行现象，磨损小、寿命长、精度保持性好。

(4) 不能自锁，有可逆性，即能将旋转运动转换为直线运动，或将直线运动转换为旋转运动。因此丝杠立式使用时，应增加制动装置。

2) 滚珠丝杠螺母副的循环方式

常用的循环方式有两种：滚珠在循环过程中有时与丝杠脱离接触的称为外循环；始终与丝杠保持接触的称为内循环。

(1) 外循环。图 9.24 所示为常用的一种外循环方式，这种结构是在螺母体上轴向相隔数个半导程处钻两个孔与螺旋槽相切，作为滚珠的进口与出口。再在螺母的外表面上铣出回珠槽并沟通两孔。另外在螺母内进出口处各装一挡珠器，并在螺母外表面装一套筒，这样构成封闭的循环滚道。外循环结构制造工艺简单，使用较广泛。其缺点是滚道接缝处很难做得平滑，影响滚珠滚动的平稳性，甚至发生卡珠现象，噪声也较大。

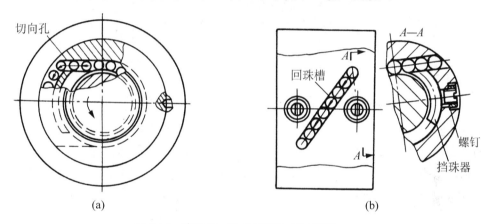

图 9.24　常用的一种外循环方式示意图

(2) 内循环。内循环均采用反向器实现滚珠循环，反向器有两种形式。图 9.25(a)所示为圆柱凸键反向器，反向器的圆柱部分嵌入螺母内，端部开有反向槽(2)。反向槽靠圆柱外圆面及其上端的凸键(1)定位，以保证对准螺纹滚道方向。图 9.25(b)为扁圆镶块反向器，反向器为一半圆头平键形镶块，镶块嵌入螺母的切槽中，其端部开有反向槽(3)，用镶块的外廓定位。两种反向器比较，后者尺寸较小，从而减小了螺母的径向尺寸及缩短了轴向尺寸。但这种反向器的外廓和螺母上的切槽尺寸精度要求较高。内循环反向器和外循环反向器相比，其结构紧凑，定位可靠，刚性好，且不易磨损，返回滚道短，不易发生滚珠堵塞，摩擦损失也小。其缺点是反向器结构复杂，制造较困难，且不能用于多头螺纹传动。

3) 滚珠丝杠螺母副的预紧方法

预紧方法有 3 种，基本原理都是使两个螺母产生轴向位移，以消除它们之间的间隙和施加预紧力。

图 9.26 所示结构是通过改变垫片的厚度，使螺母产生轴向位移。这种结构简单可靠，刚性好，但调整较费时间，且不能在工作中随意调整。

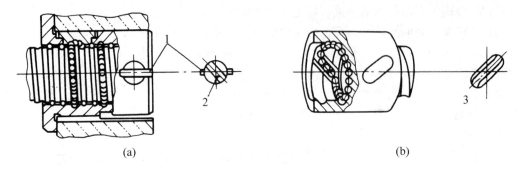

(a)   (b)

图 9.25   反向器的两种形式

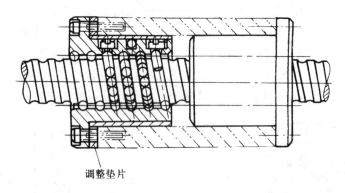

调整垫片

图 9.26   通过改变垫片的厚度，使螺母产生轴向位移结构

图 9.27 所示为利用螺纹来调整实现预紧的结构，两个螺母以平键和外套相联，其中右边的一个螺母外伸部分有螺纹。用两个锁紧螺母(1)、(2)能使螺母相对丝杠作轴向移动。这种结构既紧凑，工作又可靠，调整也方便，故应用较广。但调整位移量不易精确控制，因此，预紧力也不能准确控制。

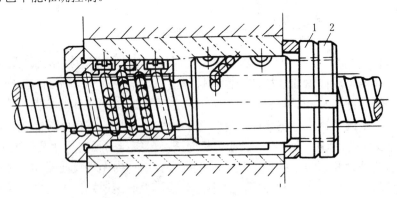

图 9.27   用螺纹来调整实现预紧的结构

图 9.28 所示为齿差式调整结构。在两个螺母的凸缘上分别切出齿数为 Z_1，Z_2 的齿轮，而且 Z_1 与 Z_2 相差一个齿。两个齿轮分别与两端相应的内齿圈相啮合。内齿圈紧固在螺母座上，预紧时脱开内齿圈。使两个螺母同向转过相同的齿数，然后再合上内齿圈。两螺母的轴向相对位置发生变化从而实现间隙的调整和施加预紧力。如果其中一个螺母转过一个齿时，则其轴向位移量为 $S=t/Z_1$(t 为丝杠螺距，Z_1 为齿轮齿数)。如两齿轮沿同方向各转过一

个齿时，其轴向位移量 $S = \left(\dfrac{1}{z_1} - \dfrac{1}{z_2} \right) t = \dfrac{1}{Z_1 Z_2}$ (Z_2 为另一齿轮齿数)。当 $Z_1 = 99$，$Z_2 = 100$，$t = 10\text{mm}$ 时，则 $S = 10 / 9900 \approx 1\mu\text{m}$，即两个螺母在轴向产生 $1\mu\text{m}$ 的位移。这种调整方式的结构复杂，但调整准确可靠，精度较高。

　　4) 滚珠丝杠螺母副的选用

　　目前我国滚珠丝杠螺母副的精度标准为 4 级：普通级 P、标准级 B、精密级 J 和超精密级 C。各级精度所规定的各项允差可查有关手册。一般的数控机床可选用标准级 B，精密数控机床可选精密级 J 或超精密级 C。

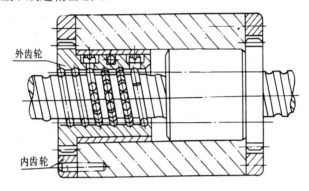

外齿轮

内齿轮

图 9.28　齿差式调整结构

　　在设计和选用滚珠丝杠螺母副时，首先要确定螺距 t、名义直径 D_0、滚珠直径 d_0 等主要参数。在确定后两个参数时，采用与验算滚珠轴承相似的方法，即规定在最大轴向载荷 Q 作用下，滚珠丝杠能以 $33.3\text{r} / \text{min}$ 的转速运转 500h 而不出现点蚀。

　　选择螺距 t 时，一般应根据丝杠的承载能力和刚度要求，首先确定名义直径 D_0，然后根据名义直径 D_0 尽量取较大的螺距。常用的螺距 t 为 4、5、6、8、10、12mm。螺距愈小，在一定轴向力作用下摩擦力矩较小；但 t 小时，滚珠也小，导致滚珠丝杠承载能力显著下降。另外，如丝杠名义直径 D_0 一定时 t 减小、螺旋升角 β 随之减小，传动效率也随之降低。丝杠名义直径 D_0 是指滚珠中心圆的直径，D_0 根据承受的载荷来选取，D_0 愈大，丝杠承载能力和刚度愈大。为了满足传动刚度和稳定性的要求，通常应大于丝杠长度的 $1/30 \sim 1/35$。

　　滚珠直径 d_0 对承载能力有直接影响，应尽可能取较大的数值。一般 $d_0 \approx 0.6t$，其最后尺寸按滚珠标准选用。

　　滚珠的工作圈数 j、列数 K 和工作滚珠总数 N 对丝杠工作特性影响很大。根据试验，每一个循环回路中，各圈所受轴向载荷不均匀，滚珠第一圈约承受总载荷的 50%，第二圈约承受 30%，第三圈约承受 20%。因此，圈数过多并不能加大承载能力，反而增加了轴向尺寸。一般工作圈数 j 为 2.5～3.5 圈。若工作圈数必须超过三圈半时，可制成双列或三列。列数多，增加了接触刚度，提高了承载能力，但并不是成比例增加，列数多，增加承载能力并不显著，反而加大了螺母的轴向尺寸。一般 K 为 2～3 列。工作滚珠总数 N 不宜过多，一般 N 小于 150 粒，否则，容易引起流通不畅而堵塞。但也不宜过少，这样会使每个滚珠所受载荷加大，弹性变形也大。

5) 滚珠丝杠螺母副的支承型式和制动方式

为提高传动刚度，不仅应合理确定滚珠丝杠螺母副的参数，螺母座的结构，丝杠两端的支承形式，以及它们与机床的连接刚度也有很大影响。因此，螺母座的孔与螺母之间必须有良好的配合，保证孔与端面的垂直度，螺母座宜增添加强筋，加大螺母座和机床结合面的接触面积，均可提高螺母座的局部刚度和接触刚度。为了提高螺母支承的轴向刚度，选择适当的滚动轴承及其支承方式是十分重要的。常用的支承方式有下列几种，如图 9.29 所示。

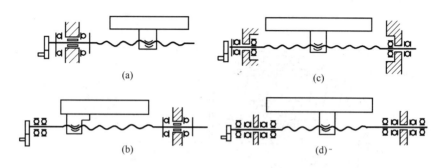

图 9.29　常用的几种支承方式

(1) 一端装止推轴承如图(a)所示。这种安装方式的承载能力小，轴向刚度低，仅适应于短丝杠，如数控机床的调整环节或升降台式数控铣床的垂直坐标中。

(2) 一端装止推轴承，另一端装向心球轴承如图(b)所示。滚珠丝杠较长时，一端装止推轴承固定，另一自由端装向心球轴承。为了减少丝杠热变形的影响，止推轴承的安装位置应远离热源(如液压马达)及丝杠上的常用段。

(3) 两端装止推轴承如图(c)所示。将止推轴承装在滚珠丝杠的两端，并施加预紧拉力，有助于提高传动刚度。但这种安装方式对热伸长较为敏感。

(4) 两端装止推轴承及向心轴轴承如图(d)所示。为了提高刚度，丝杠两端采用双重支承，如止推轴承和向心球轴承，并施加预紧拉力。这种结构方式可使丝杠的热变形转化为止推轴承的预紧力，但设计时要注意提高止推轴承的承载能力和支架刚度。

国外采用一种滚珠丝杠专用轴承，如图 9.30 所示，这是一种能承受很大轴向力的特殊向心推力滚珠轴承，其接触角加大到 60°，增加了滚珠数目并相应减小了滚珠径，其轴向刚度比一般推力轴承提高两倍以上，使用也极为方便。

滚珠丝杠螺母副传动效率很高，但不能自锁，用在垂直传动或水平放置的高速大惯量传动中，必须装有制动装置。常用的制动方法有超越离合器、电磁摩擦离合器或者使用具有制动装置的伺服驱动电动机。

滚珠丝杠必须采用润滑油或锂基油脂进行润滑，同时要采用防尘密封装置。如用接触式或非接触密封圈，螺旋式弹簧钢带或折叠式塑性人造革防护罩，以防尘土及硬性杂质进入丝杠。

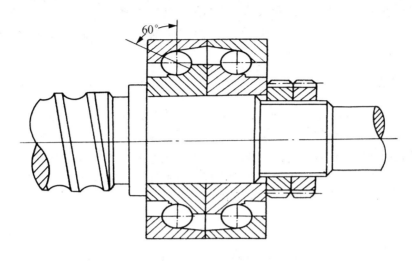

图 9.30　国外采用的一种滚珠丝杠专用轴承

9.4　数控机床导轨

9.4.1　对导轨的基本要求

机床上的运动部件都是沿着他的床身、立柱、横梁等零件上的导轨而运动，导轨的功用概括为起导向和支撑作用。因此，导轨的制造精度及其精度保持性对机床加工精度有着重要的影响。在设计导轨时应考虑以下问题：

1. 有一定的导向精度

导向精度是指机床的运动部件沿导轨移动时的直线性(对直线运动导轨)或真圆性(对圆运动导轨)及它与有关基面之间的相互位置的准确性。各种机床对于导轨本身的精度都有具体的规定或标准，以保证该导轨的导向精度。

2. 有良好的精度保持性

精度保持性是指导轨能否长期保持原始精度，丧失精度保持性的主要因素是由于导轨的磨损，导轨的结构形式及支承件(如床身)材料的稳定性有关。数控机床的精度保持性比普通机床要求要高，常采用摩擦系数小的滚动导轨，静压导轨或塑料导轨。

3. 有足够的刚度

机床各运动部件所受的外力，最后都由导轨面来承受，若导轨受力后变形过大，不仅破坏了导向精度，而且恶化了导轨的工作条件。导轨的刚度主要决定于导轨类型、结构形式和尺寸大小、导轨与床身的连接方式，导轨材料和表面加工质量等。数控机床常采用加大导轨截面积的尺寸或在主导轨外添加辅助导轨来提高刚度。

4. 有良好的摩擦特性

导轨的摩擦系数要小，而且动、静摩擦系数应尽量接近，以减小摩擦阻力和导轨热变形，使运动轻便平稳，低速无爬行，这对数控机床特别重要。

此外，导轨结构工艺性要好，便于制造和装配，便于检验、调整和维修，而且有合理的导轨防护和润滑措施等。

9.4.2 静压导轨

静压导轨的滑动面之间开有油腔，将有一定压力的油通过节流器输入油腔，形成压力油膜，浮起运动部件，使导轨工作表面处于纯液体摩擦，不产生磨损，精度保持性好。同时摩擦系数也极低(0.0005)，使驱动功率大大降低；其运动不受速度和负载的限制，低速无爬行，承载能力大，刚度好；油液有吸振作用，抗振性好，导轨摩擦发热也小。其缺点是结构复杂，要有供油系统，油的清洁度要求高。

1. 工作原理

由于承载的要求不同，静压导轨分为开式和闭式两种，其工作原理与静压轴承完全相同。开式静压导轨的工作原理，如图 9.31(a)所示。油泵(2)启动后，油经滤油器(1)吸入，用溢流阀(3)调节供油压力 p_s，再经滤油器(4)，通过节流器(5)降压至 p_r (油腔压力)进入导轨的油腔，并通过导轨间隙向外流出，回到油箱(8)。油腔压力 p_r 形成浮力将运动部件(6)浮起，形成一定的导轨间隙 h。当载荷增大时，运动部件下沉，导轨间隙减小，液阻增加，流量减小，从而油经过节流器时的压力损失减小，油腔压力 p_r 增大，直至与载荷 W 平衡时为止。

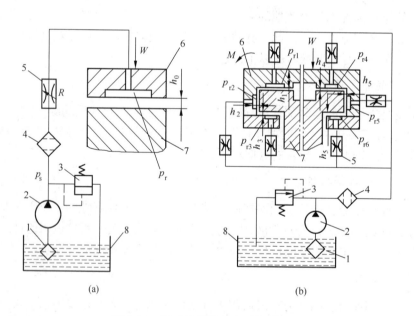

图 9.31 开式静压导轨的工作原理图

开式静压导轨只能承受垂直方向的负载，承受颠覆力矩的能力差。闭式静压导轨能承受较大的颠覆力矩，导轨刚度也较高，其工作原理如图 9.31(b)当运动部件(6)受到颠覆力矩 M 后，油腔(3)、(4)的间隙 h_3、h_4 增大，油腔(1)、(6)的间隙 h_1、h_6 减小。由于各相应的节流器的作用，使 p_{r3}、p_{r4} 减小，p_{r1}、p_{r6} 增大，由此作用在运动部件上的力，形成一个与颠覆力矩方向相反的力矩，从而使运动部件保持平衡。而在承受载荷 W 时，则油腔(1)、(4)间隙 h_1、h_4 减小，油腔(3)、(6)间隙 h_3、h_6 增大。由于各相应的节流器的作用，使 p_{r1}、p_{r4} 增大，p_{r3}、p_{r6} 减小，由此形成的力向上，以平衡载荷 W。

2. 结构形式

静压导轨横截面的几何形状一般采用 V 形与矩形两种，V 形便于导向和回油，矩形便于做成闭式静压导轨，油腔的结构，对静压导轨性能影响很大。试验表明，当油腔的长度比宽度大得多时，横向(垂直于运动方向)油沟不起作用。如图 9.32 所示，两条油沟、H 形油沟，同全空油腔一样，具有相同的承载能力。但前者工艺性好，制造简单，并在突然事故中导轨面直接接触时，承载面积大、比压小，可避免或减少导轨损坏。静压导轨在运动时也存在动压作用，对加工精度不利。为减少动压作用，油沟应开成纵向的，避免横向油沟。油腔有如图 9.33 所示几种形式，其中 I 型用于窄导轨，II 型只有当油腔长度 l 与宽度 b 之比很小(如 $l/b<4$)的条件下才采用。

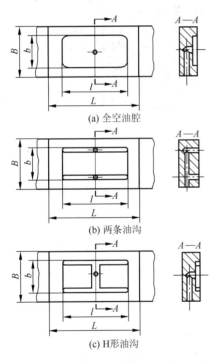

图 9.32　静压导轨横截面的几何形状

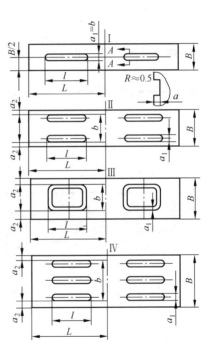

图 9.33　油腔的所示几种形式示意

油腔的数目与机床导轨长度及刚度有关，机床导轨尺寸较长、要求刚度高时，油腔的数目要多，一般纵向油腔不应少于两个。运动件的导轨长度小于 2m 时，油腔数目可取为 2～4 个；大于 2m 时，每个油腔长度按 0.5～2m 选取，中型机床取小值，重型机床取大值。部件运动时油腔不能外露，因此，油腔应做在导轨短的部件上，而且支承导轨的长度不应小于运动导轨的长度与行程之和。油槽的宽度 a_1，可取 8～12mm，槽深 a 可取 2～4mm，封油宽度 $a_2 = \dfrac{B-b}{2} \geqslant 15\text{mm}$，封油宽度 a_2 过小影响油腔压力的建立，过大则减小支承面积。此外，当各油腔的距离 $L-l<B-b$ 时(L、B 分别为每个油腔支承面的长度和宽度)，在油腔

之间应以横沟隔开，以免各油腔的压力油相互影响，使导轨不易调整。闭式静压导轨中，侧导轨的有效承载面积彼此相等，使水平方向承载能力相同。下导轨和上导轨的有效面积之比应根据颠覆力矩的大小与对导轨刚度的要求来决定，颠覆力矩大，且对导轨刚度要求高时，比值可取 0.5～1；反之，取 0.3～0.5。

3. 节流器的形式

静压导轨节流器分为固定节流器和可变节流器两种，图 9.34 所示为固定节流器，其阻尼不随外界负载的变化而变化，图(a)为螺旋槽毛细管节流器，图(b)为针阀节流器，图(c)为三角槽节流器。这 3 种都是可调节的，油从 A 孔进入，由 B 孔流出。压力从 p_s 降为 p_r 而进入油腔。旋转节流杆时，改变螺旋槽长度或间隙大小，以改变节流阻力。由于螺旋槽毛细管节流的槽断面较大，相应长度也可较长，油流不易堵塞，故使用较广泛。

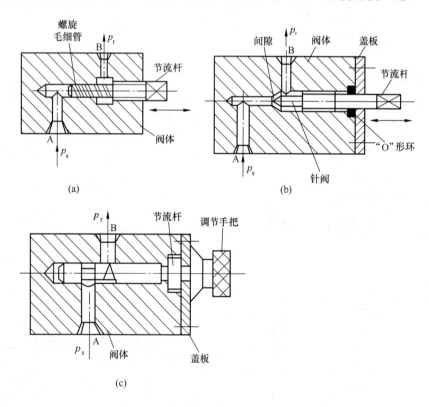

图 9.34　固定节流器工作原理示意

图 9.35 所示为可变节流器，其阻尼是随外界负载的变化而变化。其中，图 9.35(a)、(b)为单边薄膜反馈节流器。图 9.35(a)中有螺钉移动阀芯，改变节流间隙 G，以改变节流阻力；图 9.35(b)中先用针阀节流一次，再通过薄膜间隙 G 节流，改变针阀间隙可改变节流阻力；图 9.35(c)为双边薄膜反馈节流器，可以改变调节铜片的厚度来改变薄膜间隙 G，以调节节流阻力。它多用于闭式静压导轨与 V 形导轨的两个斜面上，这样两相对应导轨面的压力有相互调节补偿作用。

在设计可变节流器时，应防止出现负刚度的现象，即工作台受垂直于导轨面的负载后，工作台反而向上浮使导轨间隙增大，导致工作情况不稳定。间隙增大的原因是因为薄膜过于灵敏，需要导轨面之间的间隙增大以抵消其对压力过分的影响。因此，薄膜不能太薄太厚，而且供油压力不能过大。一般薄膜厚度只有十分之几毫米，供油压力都小于 9.8×10^5 Pa。

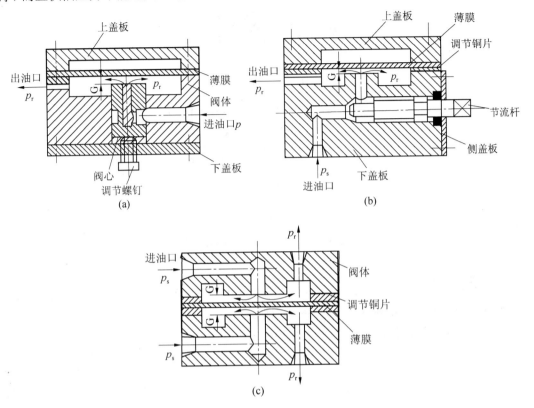

图 9.35　可变节流器工作原理图

4. 静压导轨的计算

1) 静压导轨的承载能力

对于图 9.36 所示的开式导轨其承载能力为

$$W_i = p_r A C_A \tag{9-2}$$

式中，　p_r 为油腔压力(MPa)；

　　　　A 为每个油腔的承载面积，　$A = B \times L \, (\mathrm{mm}^2)$；

　　　　C_A 为有效承截面积系数，　$C_A = \left(\dfrac{1}{6LB}\right) 2LB + lB + 2lb + Lb$ 。

若导轨上有 i 个油腔，则总承载能力为 $\sum W_i$ 。

对于闭式导轨，垂直载荷为

$$W = p_{r1} A_1 C_{A1} - p_{r3} A_3 C_{A3} \tag{9-3}$$

式中，各符号的脚标(1)、(3)表示不同的导轨面。

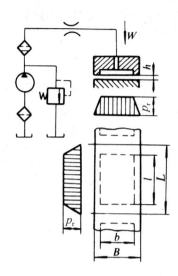

图 9.36　静压导轨的承载能力示意

2）油膜刚度

建立油腔的流量平衡关系，求出油腔承载能力 W 和油膜厚度 h(即导轨之间的间隙)的函数关系，即可求得油膜刚度 $J=\mathrm{d}W/\mathrm{d}h$ 的表达式。

以毛细管节流器为例，通过计算求得的刚度值为

$$J = -P_S A_{CA} \lambda_3 = \frac{3h^2}{(h^3 + \lambda^3)^2} \tag{9-4}$$

式中，P_S 为供油压力，即节流器前的压力；

λ 为结构参数，计算公式为

$$\lambda = \sqrt[3]{0.074 \frac{d_c^4}{l_c} \cdot \frac{1}{l/(B-b)+b/(L-l)}};$$

d_c、l_c 为毛细管的直径和长度(cm)。

负号表示载荷增大时，h 减小。

由刚度表达式可知：

① 导轨间隙：在结构参数已定后，油膜刚度随油膜厚度 h 的减小而增大。h 的最小值出现在载荷为最大时，即 $W = W_{\max}$ 时，此时 $h_{\min}$ 不应小于导轨面的不平度和变形量，否则导轨将直接接触。因此为了提高油膜刚度，又避免导轨面接触，应提高导轨的制造精度。

② 供油压力：当其他参数不变时，P_S 越大，则油膜刚度越高。

9.4.3　滚动导轨

滚动导轨就是在导轨工作面之间安排滚动件，使导轨面之间为滚动摩擦。因此，摩擦系数小(0.0025～0.005)，动、静摩擦力相差甚微；运动轻便灵活，所需功率小，摩擦发热小，磨损小，精度保持性好，低速运动平稳，移动精度和定位精度都较高。但滚动导轨结构复杂，制造成本高，抗振性差。

1．滚动导轨的结构形式

滚动导轨也分为开式和闭式两种。开式用于加工过程中载荷变化较小，颠覆力矩较小的场合。当颠覆力矩较大，载荷变化较大时则用闭式，此时采用预加载荷，能消除其间隙，减小工作时的振动，并大大提高了导轨的接触刚度。

滚动导轨的滚动体，可采用滚珠、滚柱、滚针。滚珠导轨的承载能力小，刚度低，适用于运动部件质量不大，切削力和颠覆力矩都较小的机床。滚柱导轨的承载能力和刚度都比滚珠导轨大，适用于载荷较大的机床。滚针导轨的特点是滚针尺寸小，结构紧凑，适用于导轨尺寸受到限制的机床。近代数控机床普遍采用一种滚动导轨支承块，已做成独立的标准部件，其特点是刚度高，承载能力大，便于拆装，可直接装在任意行程长度的运动部件上，其结构形式如图 9.37 所示。1 指防护板，端盖(2)与导向片(4)引导滚动体返回，5 指保持器。当运动部件移动时，滚柱(3)在支承部件的导轨面与本体(6)之间滚动，同时又绕本体(6)循环滚动，滚柱(3)与运动部件的导轨面并不接触，因而该导轨面不需淬硬磨光。

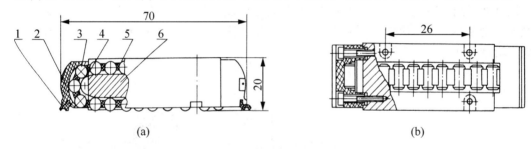

图 9.37　滚动导轨的结构形式

图 9.38 所示为 TBA－UU 型直线滚动导轨(标准块)，它由 4 列滚珠组成，分别配置在导轨的两个肩部，可以承受任意方向(上、下、左、右)的载荷。与图 9.37 所示的滚动导轨支承相比较，后者可承受颠覆力矩和侧向力。

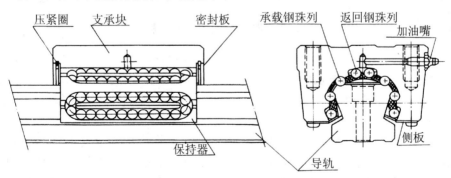

图 9.38　TBA－UU 型直线滚动导轨

采用 TBA－UU 型直线滚动导轨标准块的配置如图 9.39 所示。为了提高抗振性和运动精度，在同一平面内最好采用二组标准块平行安装使用。

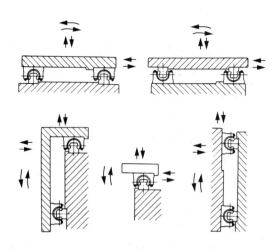

图 9.39　TBA—UU 型直线滚动导轨标准块的配置图

图 9.40 所示为 HR—UU 型直线滚动导轨，它是双列带有角度的 V 形滚动导轨块，尺寸紧凑，刚度高，调整简单，预加载荷方便。在切削机床，电加工机床与精密工作台等各种电子机械中获得广泛应用。

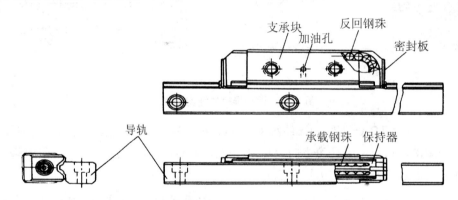

图 9.40　HR—UU 型直线滚动导轨

滚动导轨块的侧面有两列滚珠，用两套保持器保持滚珠循环，两列滚珠滚动面的夹角为 45°，虽然用一个滚动导轨块不能承受上下左右的负载，但是这种滚动导轨块高度尺寸小，结构紧凑，运动平稳，可以组合使用。采用两个 V 形滚动导轨块组合的导轨安装调整简单，容易取得高的装配精度，运动平稳。

图 9.41 所示为 HR 型滚动导轨块的组合使用情况。在床身(4)上安装滚动导轨(2)和(5)，在工作台(3)的一侧安装滚动导轨块(1)，并旋紧。在工作台的另一侧安装滚动导轨块(6)，用螺钉稍加旋紧，用螺钉(7)来调整导轨间隙，直至导轨间隙完全消除，再旋紧螺钉。

图 9.42 所示为 LR 型直线滚柱导轨块。其结构是在精密研磨的导向块周围有一系列滚柱，并由保持器维持其循环运动，不致脱落。滚动部位磨损小，装配精度高，有很高的定位精度和运动精度，刚度高，能承受较大的载荷，适用于加工中心机床、高速冲压机床、精密冲压机械手与铁板运输机等。

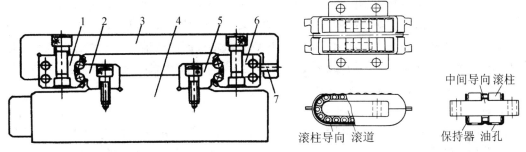

图 9.41   HR 型滚动导轨块的组合   图 9.42   LR 型直线滚柱导轨块

滚动导轨的滚动件与导轨的典型配置关系如图 9.43 所示，图 9.43(a)、(b)为使用整体支承的形式，滚动件用一个整体保持器隔开，置于两导轨之间，滚动件与上、下导轨之间都有相对滚动。因此，上下导轨都要淬硬磨光。在图 9.43(a)中滚动件的总长度 L_G 应为运动部件导轨的长度 L_d 加行程长度的一半即 $l/2$，固定导轨的长度 $L = L_G + l/2$，因此，导轨较长，而且还有一部分滚动件外露，防护不便。在图 9.43(b)的形式中，当运动部件运动时其导轨与滚动件不能完全接触，而且接触部分的位置是变动的，接触刚度差，只适于载荷均匀分布或集中载荷作用于导轨中部场合导轨也较长 ($L = L_G + l/2$) 但滚动件不外露，防护容易。图(c)的结构形式为在运动部件的导轨面上安装多块滚动导轨支撑，其运动部件的形成只受固定导轨长度的限制。

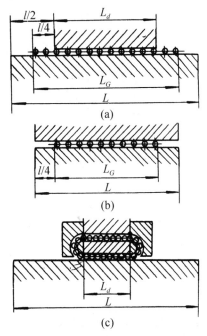

图 9.43   滚动件与导轨的典型配置

2. 滚动导轨的计算

1) 滚动件的尺寸和数量

滚动件的直径、长度和数目，应根据滚动导轨的结构形式选择，然后按许用载荷进行验算。可减小摩擦阻力和接触应力，也不易产生滑动现象。由于滚针摩擦阻力大，且易产生滑动，故尽量不用滚针导轨，如因结构限制一定要采用时，滚针直径 d 应不小于 4mm。从强度和刚度的观点出发，增加滚珠直径，可以显著地提高承载能力，刚度也可增高。滚柱直径应大于 6~8mm，滚柱长度过长会引起载荷不均匀，如果滚柱长度与直径之比(l/D)小于 1.5~2 时则滚柱长度 $l<25$~30mm。

　　滚动件的数量应根据强度、刚度条件选择，每条导轨上一般不少于 12~16 个。数目过多，虽接触应力可减小，但由于制造误差，使载荷在滚动件上分布不均匀，刚度反而下降；若数量过少，则满足不了强度和刚度的要求。根据实验，可按下式确定每条导轨上滚动件数量的最大值，即

$$Z_柱 \geqslant \frac{G}{4l} \tag{9-5}$$

$$Z_珠 \geqslant \frac{G}{9.5\sqrt{d}} \tag{9-6}$$

式中，$Z_柱$、$Z_珠$ 为滚柱、滚珠的数目；

　　　　G 为每条导轨上所承担的运动部件重力(N)；

　　　　l、d 为滚柱长度(mm)，滚珠直径(mm)。

　　2) 接触强度计算

　　滚动导轨接触强度的计算主要是判别受力最大的滚动体处导轨的接触应力是否超过允许值。若一条导轨上承受一个作用在导轨面中点的力 P 和力矩 M，则受力最大的滚动体(位于最外侧)上的载荷为

$$P_{max} = \frac{p}{z}\left(1 + \frac{6M}{PL}\right) \tag{9-7}$$

式中，L 为滚动体有效工作长度；

　　　　Z 为一条导轨上滚动体个数。

　　在一个滚动体上的许用载荷 $P_{许用}$ 的计算公式为

　　滚柱导轨　　　　　　　　$P_{许用} = [k]Ld$ 　　　　　　　　　(9-8)

　　滚珠导轨　　　　　　　　$P_{许用} = [k]d2$ 　　　　　　　　　(9-9)

式中，[k]为当量许用应力(Pa)，对于滚柱钢导轨，[k]=(14~20)×106Pa，对于滚柱铸铁导轨，[k]=(1.4~2.0)×106Pa，对于滚珠钢导轨[k]=6×105Pa，对于滚珠铸铁导轨，[k]=2×104Pa。

　　计算后，若滚动体的许用载荷 $P_{许用}$ 小于最大载荷 P_{max} 时，应重新选用 d、l 及 Z 等参数再进行验算，直到满足条件 $P_{max} < P_{许用}$ 为止。

　　3) 接触刚度计算

　　滚动导轨的接触刚度计算，主要是计算接触变形 δ。

　　滚柱导轨的接触变形为

$$\delta = C_{1q} \tag{9-10}$$

　　滚珠导轨的接触变形为

$$\delta = C_{2g} \tag{9-11}$$

式中，C_1 为滚柱导轨的柔度系数($\mu m \cdot mm / N$)；

$\quad\quad C_2$ 为滚珠导轨的柔度系数($\mu m / N$)；

$\quad\quad q$ 为滚柱单位长度上的载荷(N / mm)；

$\quad\quad g$ 为一个滚珠上的载荷(N)。

柔度系数 C_1、C_2 不是恒量，应根据初始载荷 $q_{初}$ 或 $g_{初}$(包括导轨质量、零件质量及预紧力)在图 9.44 上选取。在图 9.44 中，图(a)用于滚柱导轨，曲线 1 用于短滚柱钢导轨，曲线 2 用于长滚柱钢导轨，曲线 3 用于刮研的铸铁导轨；图(b)用于滚珠导轨，图中 d 为滚珠直径，$d_1 = 5mm$，$d_2 = 10mm$，$d_3 = 15mm$。

3. 滚动导轨预紧

预紧可以提高滚动导轨的刚度，但预紧力应选择恰当，否则会使牵引力显著增加。图 9.45 所示为矩形滚柱导轨(曲线 1)和滚珠导轨(曲线 2)的过盈量与牵引力的关系。

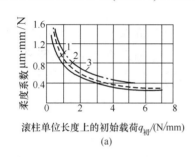
　(a)

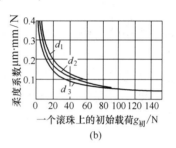
　(b)

图 9.44　载荷曲线图

为了达到下列目的，常对滚动导轨预紧。如立式导轨上为了防止滚动体脱落或歪斜；高精度机床为了提高接触刚度；有些质量较轻的部件(如砂轮修整器)的滚动导轨是为了获得必要的刚度和移动精度；为了防止滚动导轨脱离接触，甚至翻转，当颠覆力矩较大时，即

$$\frac{M}{PL} \geqslant \frac{1}{6}$$

式中，M 为相对于导轨长度方向上中点水平轴线的总颠覆力矩；

$\quad\quad P$ 为重力及切削力在垂直方向分力的总和；

$\quad\quad L$ 为导轨的工作长度。

预紧的方法一般有两种：

(1) 采用过盈配合，如图 9.46(a)所示，在装配导轨时，根据滚动件的实际尺寸量出相应的尺寸 A，然后再刮研压板与溜板的接合面或在其间加一垫片，改变垫片的厚度，由此形成包容尺寸 $A - \delta$ (δ 为过盈量)。过盈量的大小可以通过实际测量来决定。

(2) 采用调整元件实现预紧，如图 9.46(b)所示，调整的原理和方法与滑动导轨调整间隙相似。拧侧面螺钉(3)，即可调整导轨体(1)及导轨体(2)的位置而预加负载。也可用斜镶条来调整，此时，导轨上的过盈量沿全长分布比较均匀。

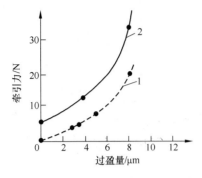

图 9.45　过盈量与牵引力的关系图

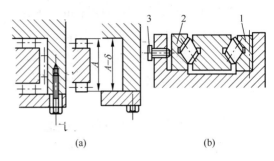

图 9.46　矩形滚柱导轨

9.5　回转工作台

数控机床中常用的回转工作台有分度工作台和数控回转工作台,它们的功用各不相同,分度工作台的功用只是将零件转位换面,和自动换刀装置配合使用,实现零件一次安装能完成几个面的多种工序,因此,大大提高了工作效率。而数控回转工作台除了分度和转位的功能之外,还能实现圆周进给运动。

9.5.1　分度工作台

分度工作台的分度、转位和定位工作,是按照控制系统的指令自动地进行,每次转位回转一定的角度(90°、60°、45°等),但实现工作台转位的机构却很难达到分度精度的要求,所以要有专门的定位元件来保证。因此,分度定位元件往往是分度工作台设计、制造和调整的关键部分。常用的定位元件有插销定位、反靠定位、齿盘定位和钢球定位等几种。

1. 齿盘定位的分度工作台

齿盘定位的分度工作台能达到很高的分度定位精度,一般为±3″,最高可达±0.4″。能承受很大的外载,定位刚度高,精度保持性好。实际上,由于齿盘啮合脱开相当于两齿盘对研过程,因此,随着齿盘使用时间的延续,其定位精度还有不断提高的趋势。广泛用于数控机床,也用于组合机床和其他专用机床。

图 9.47 所示为 THK6370 自动换刀数控卧式镗铣床分度工作台的结构。主要由一对分度齿盘(13)、(14),升夹油缸(12),活塞(8),液压马达,蜗轮副(3)、(4)和减速齿轮副(5)、(6)等组成。分度转位动作包括:①工作台抬起,齿盘脱离啮合,完成分度前的准备工作;②回转分度;③工作台下降,齿盘重新啮合,完成定位夹紧。工作台(9)的抬起是由升夹油缸的活塞(8)来完成,其油路工作原理如图 9.48 所示。当需要分度时,控制系统发出分度指令,工作台升夹油缸的换向阀电磁铁 E2 通电,压力油便从管道(24)进入分度工作台(9)中央的升夹油缸(12)的下腔,于是活塞(8)向上移动,通过止推轴承(10)和(11)带动工作台(9)也向上抬起,使上、下齿盘(13)、(14)相互脱离啮合,油缸上腔的油则经管道(23)排出,通过节流阀 L3 流回油箱,完成了分度前的准备工作。

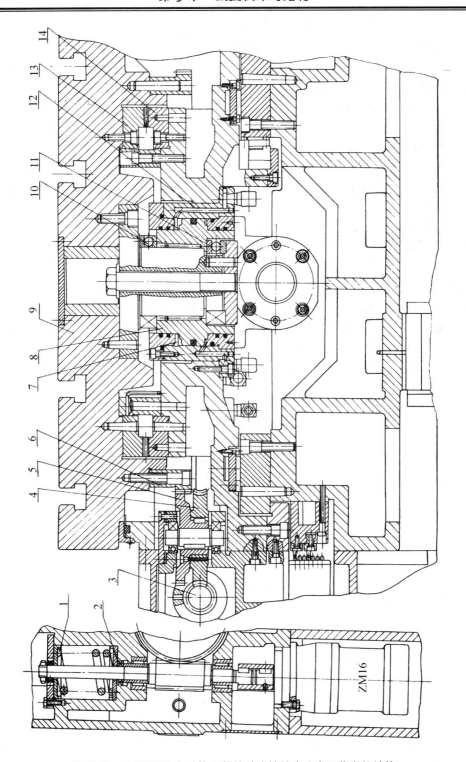

图 9.47　THK6370 自动换刀数控卧式镗铣床分度工作台的结构

当分度工作台(9)向上抬起时，通过推杆和微动开关，发出信号，使控制液压马达 ZM16 的换向阀电磁铁 E3 通电。压力油从管道(25)进入液压马达使其旋转，通过蜗轮副(3)、(4)

和齿轮副(5)、(6)带动工作台(9)进行分度回转运动。液压马达的回油是经过管道(26)，节流阀 L2 及换向阀 E5 流回油箱。调节节流阀 L2 开口的大小，便可改变工作台的分度回转速度(一般调在 2r/min 左右)。工作台分度回转角度的大小由指令给出，共有 8 个等分，即为45°的整倍数。当工作台的回转角度接近要分度的角度时，减速挡块使微动开关动作，发出减速信号，换向阀电磁 E5 通电，该换向阀将液压马达的回油管道关闭，此时，液压马达的回油除了通过节流阀 L2，还要通过节流阀 L4 能流回油箱。节流阀 L4 的作用是使其减速，因此，工作台在停止转动之前，其转速已显著下降，为齿盘准确定位创造了条件。当工作台的回转角度达到所要求的角度时，准停挡块压合微动开关，发出信号，使电磁铁 E3 断电，堵住液压马达的进油管道(25)，液压马达便停止转动。到此，工作台完成了准停动作。与此同时，电磁 E2 断电、压力油从管道(24)进入升夹油缸上腔，推动活塞(8)带着工作台下降，于是上、下齿盘又重新啮合，完成定位夹紧。油缸下腔的油便从管道(23)，经节流阀 L3 流回油箱。在分度工作台下降的同时，由推杆使另一微动开关动作，发出分度转位完成的回答信号。

分度工作台的转动是由蜗轮副(3)、(4)带动，而蜗轮副传动具有自锁性，即运动不能从蜗轮(4)传至蜗杆(3)。但是工作台下降时，最后的位置由定位元件——齿盘所决定，即由齿盘带动工作台作微小转动来纠正准停时的位置偏差，如果工作台由蜗轮(4)和蜗杆(3)锁住而不能转动，这时便产生了动作上的矛盾。为此，将蜗杆轴设计成浮动式的结构(见图 9.47)，即其轴向用两个止推轴承(2)抵在一个螺旋弹簧(1)上面。这样，工作台作微小回转时，便可由蜗轮带动蜗杆压缩弹簧(1)作微量的轴向移动，从而解决了它们的矛盾。

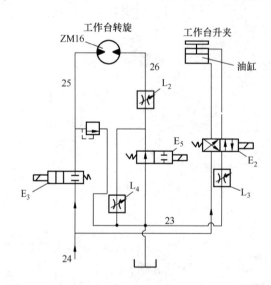

图 9.48　油路工作原理示意

2. 插销定位的分度工作台

齿盘定位具有定位准确的优点，应用愈来愈广，但是它的关键零件——齿盘的制造比较困难。因此，目前有些数控机床的分度工作台仍采用老式的插销定位机构。这种结构的定位元件由定位销和定位套组成，图 9.49 是 THK6380 型自动换刀数控卧式镗铣床分度工作台的结构图。

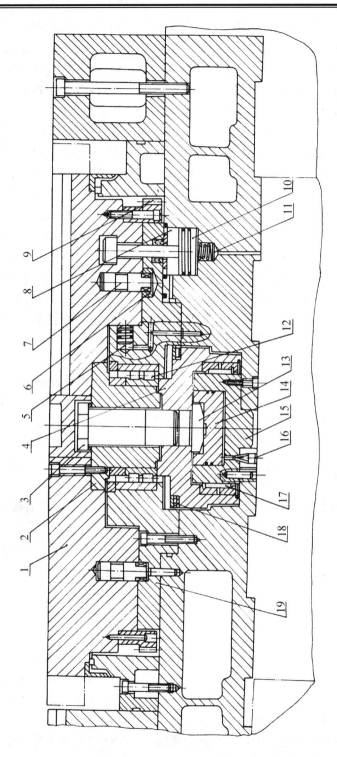

图 9.49　THK6380 型自动换刀数控卧式镗铣床分度工作台的结构示意

1) 分度工作台的分度转位和定位

工作台的下方有 8 个均布的圆柱定位销(7)和一个定位套(6)(也可用两个定位套来提高

精度)及一个马蹄形环形槽组成。定位时只有 1 个定位销插入定位套的孔中，其余 7 个则进入马蹄形环形槽中。因此，这种分度工作台只能实现 45° 等分的分度定位。分度工作台(1)用 4 个螺钉与转台轴(2)相连，转台轴(2)用六角螺钉(3)与止推轴套(4)相连。止推轴套(4)用止推螺钉(13)顶压在中央油缸(15)的活塞(14)上。当需要分度时，首先由机床控制系统发出指令，使 6 个均布用于固定工作台的夹紧油缸(8)(图中只画出一个)中的压力油流回油箱。在弹簧(11)的作用下，推动活塞(10)上升 15mm，使分度工作台放松。同时中央油缸(15)从管道(16)进压力油，于是活塞(14)上升，通过止推螺钉(13)，止推轴套(4)将止推滚柱轴承(18)向上抬起 15mm 而顶在转台底座(19)上。再通过六角螺钉(3)，转台轴(2)使分度工作台(1)也抬高 15mm。与此同时，定位销(7)从定位套(6)中拔出，这样，完成了分度前的准备动作。控制系统再发出指令，使液压马达回转，并通过齿轮传动(图中未表示出)使和工作台固定在一起的大齿轮(9)回转，分度工作台便进行分度，当其上的挡块碰到第一个微动开关时开始减速，然后慢速回转，碰到第二个微动开关时准停。此时，新的定位销(7)正好对准定位套的定位孔，准备定位。分度工作台的回转部分由于在径向有双列滚柱轴承(12)及滚针轴承(17)作为两端径向支承，中间又有止推轴承，故运动平稳。分度运动结束后，中央油缸(15)中的油液流回油箱，分度工作台下降，同时夹紧油缸(8)上端进压力油，活塞(10)下降，通过活塞杆上端的台阶部分将工作台夹紧。

2) 分度工作台的驱动

工作台的分度运动，由液压马达(11.8N·m)经两对降速齿轮传动到工作台(1)下方的大齿轮(9)，实现工作台回转分度。工作台回转转速的调整与减速由液压马达的转速决定，快速为 1r/min，慢速可以通过节流阀来调节，其液压控制回路与图 9.48 相似。

活塞(5)的作用是消除工作台的间隙，在工作台定位完毕后，锁紧之前，活塞(5)顶向工作台，将工作台转轴中的径向间隙消除后锁紧，以提高工作台的分度定位精度。而齿盘式分度工作台本身具有自动定心作用，转轴配合间隙并不影响其定心精度。

钢球定位的分度工作台一般也具有自动定心的作用。此外，它也有很高的分度精度(可达 1″)，因此，其应用也愈来愈广泛。它具有齿盘定位的一些优点，自动定心和分度精度高，且制造简单，钢球可以外购，尺寸较小的高精度的分度回转工作台采用钢球定位也很理想。

9.5.2　数控回转工作台

为了扩大数控机床的加工性能，适应某些零件加工的需要，数控机床的进给运动，除 x、y、z 三个坐标轴的直线进给运动之外，还可以有绕工 x、y、z 三个坐标轴的圆周进给运动，分别称为 A、B、C 轴。数控机床的圆周进给运动一般由数控回转工作台(简称数控转台)来实现。数控转台除了可以实现圆周进给运动之外，还可以完成分度运动，例如加工分度盘的轴向孔，若采用间歇分度转位机构进行分度，由于它的分度数有限，因而带来极大的不便。若采用数控转台进行加工就比较方便。

数控转台的外形和分度工作台没有多大差别，但在结构上则具有一系列的特点。由于数控转台能实现进给运动，所以它在结构上和数控机床的进给驱动机构有许多共同之点。不同之点在于数控机床的进给驱动机构实现的是直线进给运动，而数控转台实现的是圆周进给运动。数控转台分为开环和闭环两种。

1. 开环数控转台的结构

开环数控转台和开环直线进给机构一样，都可用电液脉冲马达、功率步进电动机来驱动。图 9.50 为 XHK5140 型自动换刀数控立式铣镗床数控转台的结构图，由 9.8N·m 的功率步进电动机(3)驱动。步进电动机(3)的输出轴上装有主动齿轮(2)(Z_1＝21)，它与被动齿轮(6)(Z_2＝45)相啮合，齿轮(2)和齿轮(6)的啮合间隙是由调整偏心环(1)来消除的。齿轮(6)与蜗杆(4)用花键结合，花键结合的间隙应尽量小，以减小对分度定位精度的影响。蜗杆(4)为双导程(变齿厚)蜗杆。因此，可以用轴向移动蜗杆的办法来消除蜗杆(4)和蜗轮(15)的啮合间隙。调整时，只要将调整环(两个半圆环垫片)(7)的厚度改变，便可使蜗杆(4)沿轴向移动，根据设计要求，调整环(7)的厚度可以改变 7mm 左右，相应地蜗杆(4)与蜗轮(15)之间的啮合间隙可调整 0.17mm。蜗杆(4)的两端装有滚针轴承，左端为自由端，可以伸缩。右端装有两个 C46105 型向心止推球轴承，承受蜗杆的轴向力。蜗轮(15)下部的内、外两面装有夹紧瓦(18)和(19)，数控转台的底座(21)上固定的支座(24)内均布有 6 个油缸(14)。油缸(14)上端进压力油，柱塞(16)下行，并通过钢球(17)推动夹紧瓦(18)和(19)，将蜗轮夹紧，从而将数控转台夹紧。数控转台不需要夹紧时，控制系统首先发出指令，使油缸(14)上腔的油液流回油箱。由于弹簧(20)的作用把钢球(17)抬起，于是夹紧瓦(18)和(19)就松开蜗轮(15)。然后，启动功率步进电动机，并按照指令脉冲的要求来确定数控转台的回转方向、回转速度、回转角度及回转速度变化规律等参数。当数控转台作为分度用时，分度回转结束后，要把蜗轮夹紧，以保证定位的可靠性，并提高承受负载的能力。

数控转台的分度定位和分度工作台不同，它是按控制系统所指定的脉冲数来决定转位角度，没有其他的定位元件(如齿盘、定位销)。因此，对开环数控转台的传动精度要求高、传动间隙(特别是蜗轮副)应尽量小。数控转台设有零点，当它作返零控制时，先由挡块(11)压合微动开关(10)，发出从"快速回转"变为"慢速回转"的信号，转台慢速回转，再由挡块(9)压合微动开关(8)进行第二次减速。然后由无触点行程开关发出从"慢速回转"变为"点动步进"，最后由功率步进电动机停在某一固定的通电相位上(称为锁相)，从而使转台准确地停在零点位置上。

该数控转台的圆形导轨采用大型滚珠轴承(13)，使回转运动灵活。径向由双列向心短圆柱滚子轴承(12)及圆锥滚柱轴承(22)保证回转精度和定心精度，调整轴承(12)的预紧力，可以消除回转轴的径向间隙。调整轴承(22)的调整套(23)的厚度，可以使圆导轨上有适当的预紧力，保证导轨有一定的接触刚度。这种数控转台可做成标准附件，既能水平轴向安装，又能垂直轴向安装，以适应不同零件的加工要求。

数控转台的脉冲当量是指数控转台每个脉冲所回转的角度(度/脉冲)，现在尚未标准化。现有的数控转台的脉冲当量有小到 0.001°/脉冲，也有大到 2′/脉冲。设计时应根据加工精度的要求和数控转台直径大小来选定。一般来讲，加工精度愈高，脉冲当量应选得愈小；数控转台直径愈大，脉冲当量应选得愈小。但也不能盲目追求过小的脉冲当量。脉冲当量一选定之后，根据步进电动机的脉冲步距角 θ 就可决定减速齿轮和蜗轮副的传动比

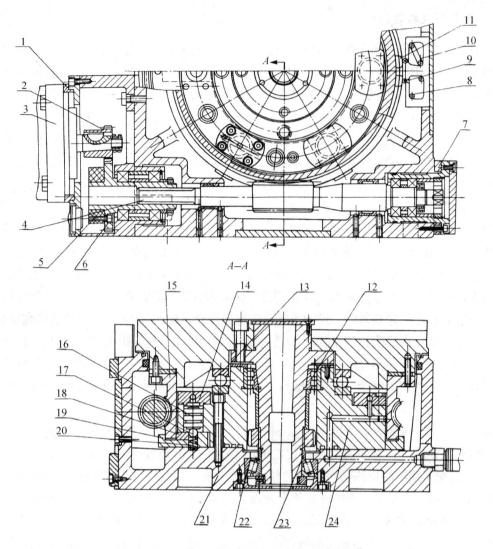

图 9.50　XHK5140 型自动换刀数控立式铣镗床数控转台的结构

$$\phi = \frac{z_1}{z_2} \cdot \frac{z_3}{z_4} \theta \tag{9-12}$$

式中，z_1，z_2 为分别为主动、被动齿轮齿数；

　　　　z_3，z_4 为分别为蜗杆头数和蜗轮齿数。

在决定 z_1、z_2、z_3、z_4 时，一方面要满足传动比的要求，同时也要考虑到结构的限制。

2. 闭环数控转台的结构

闭环数控转台的结构与开环数控转台大致相同，其区别在于：闭环数控转台有转动角度的测量元件(圆光栅或圆感应同步器)。所测量的结果反馈与指令值进行比较，按闭环原理进行工作，使转台定位精度更高。

图 9.51 所示为闭环数控转台的结构图，该数控转台用直流伺服电动机(15)通过减速齿轮(14)、(16)及蜗杆蜗轮副(12)、(13)带动工作台(1)回转，工作台的转角位置用圆光栅(9)测

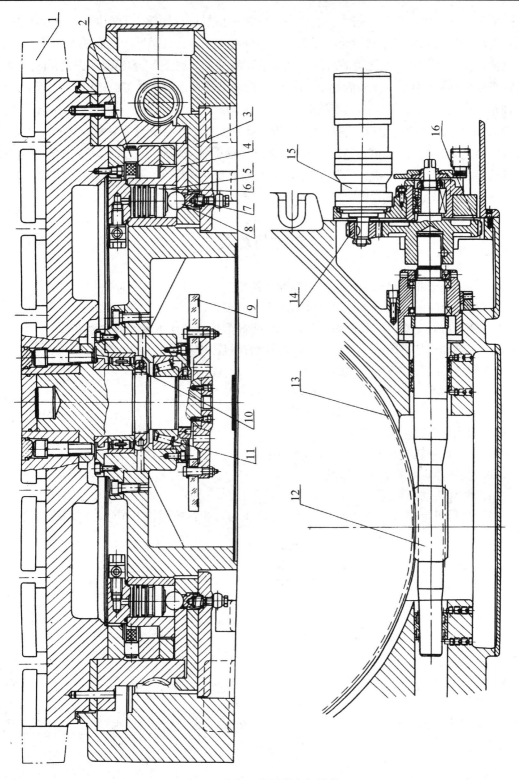

图 9.51　闭环数控转台的结构

量。测量结果发出反馈信号与数控装置发出的指令信号进行比较，若有偏差经放大后控制伺服电动机朝消除偏差方向转动，使工作台精确定位。台面的锁紧用均布的 8 个小油缸(5)来完成，需要夹紧时，油缸上腔进压力油，活塞(6)下移，通过钢球(8)推开夹紧瓦(3)及(4)，从而把蜗轮(13)夹紧。当工作台需要回转时，控制系统发出指令，油缸(5)上腔的压力油流回油箱。在弹簧(7)的作用下，钢球(8)抬起，夹紧瓦松开，不再夹紧蜗轮(13)，然后按数控系统的指令，由直流伺服电动机(15)通过传动装置实现工作台的分度转位，定位、夹紧或连续回转运动。转台的中心回转轴采用圆锥滚柱轴承及双列向心短圆柱滚子轴承(10)，并预紧消除其径向和轴向间隙，以提高工作台的刚度和回转精度。工作台支承在镶钢滚柱导轨(2)上，运动平稳而且耐磨。

思考与练习

1. 普通机床和数控机床，从控制零件寸的角度来分析，两者有何差异？
2. 数控机床的结构设计要求可以归纳为几方面？
3. 合理布置支承件的隔板和筋条，可以提高数控机床支承件的何种刚度？
4. 主轴部件是机床的一个关键部件，在数控机床中应满足几方面的要求？
5. 简述消除传动齿轮间隙的措施。
6. 简述滚珠丝杠螺母副的工作原理与特点。
7. 简述滚珠丝杠螺母副的循环方式。
8. 简述导轨的功用。
9. 在设计导轨时应考虑哪几方面的问题？
10. 简述静压导轨的工作原理。
11. 简述滚动导轨的特点。
12. 数控机床中常用的回转工作台有分度工作台和数控回转工作台，它们的功用有何不同？

第 10 章　数控机床的伺服系统

教学提示：数控机床的伺服系统是以机床移动部件的位置和速度为控制量的自动控制系统，在数控机床上，伺服驱动系统接收来自 CNC 装置的进给指令脉冲，经过信号转换及电压、功率放大，再驱动各加工坐标轴按指令脉冲运动，使刀具相对于零件产生各种复杂的机械运动，加工出所要求的零件。伺服系统是数控机床的重要组成部分，而数控机床的最大运动速度、跟踪及定位精度、加工表面质量、生产效率及工作可靠性等技术指标，往往又主要决定于伺服系统的动态和静态性能。

教学要求：掌握开环与闭环伺服系统的原理；熟悉交流伺服电动机和步进电动机的工作特性；了解直线电动机的特点与应用。

10.1　概　　述

伺服系统是连接数控系统(CNC)和数控机床(主机)的关键部分，它接收来自数控系统的指令，经过放大和转换，驱动数控机床上的执行件(工作台或刀架)实现预期的运动，并将运动结果反馈回去并且与输入指令比较，直至与输入指令之差为零，从而使机床精确地运动到所要求的位置。伺服系统的性能直接关系到数控机床执行机构的动态特性、静态特性、精度、稳定程度等。伺服系统与数控系统和机床本体称为数控机床的三大组成部分。

与一般机床不同，数控机床伺服系统是一种自动控制系统，通常包含功率放大器、反馈装置等，以便有效地对执行机构的速度、位置、方向进行精确控制。伺服系统一般由驱动控制单元、驱动元件、机械传动部分、执行元件和检测环节等组成。其中驱动元件主要是伺服电动机，目前交流伺服电动机应用最为广泛。

数控机床伺服系统的一般结构如图 10.1 所示。

10.1.1　伺服系统的基本要求

"伺服(servo)"在中英文里是一个音、意都相同的词，顾名思义，它表示"伺候服侍"，它是按照数控系统的指令，对机床进行忠诚的"伺候服侍"，使机床各坐标轴严格按照指令运动，加工出合格零件。也就是说，伺服系统是把数控信息转化为机床进给运动的执行机构。数控机床将高效率、高精度和高柔性集于一身，对位置控制、速度控制、伺服电动机、机械传动等方面都有很高要求。

1. 可逆运行

可逆运行要求能灵活地正反向运行。在加工过程中，机床工作台处于随机状态，根据加工轨迹的要求，随时都可能实现正向或反向运动。同时，要求在方向变化时不应有反向间隙和运动的损失。从能量角度看，应该实现能量的可逆转换，即在加工运行时，电动机

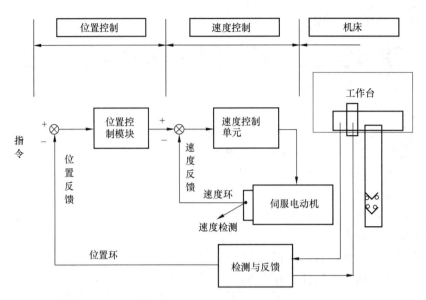

图 10.1　数控机床伺服系统结构

从电网吸收能量,将其转变为机械能;在制动时,应把电动机的机械惯性能量转变为电能回馈给电网,以实现快速制动。

2．速度范围宽

为适应不同的加工条件,例如所加工零件的材料、类型、尺寸、部位以及刀具的种类和冷却方式等的不同,要求数控机床的进给能在很宽的范围内无级变化。这就要求伺服电动机有很宽的调速范围和优异的调速特性。经过机械传动后,电动机转速的变化范围即可转化为进给速度的变化范围。目前,最先进的水平是在进给脉冲当量为 $1\mu m$ 的情况下,进给速度在 $0\sim240m/min$ 范围内连续可调。

对一般数控机床而言,进给速度范围在 $0\sim24m/min$ 时都可满足加工要求。

3．具有足够的传动刚性和高的速度稳定性

伺服系统应具有优良的静态与动态负载特性,即伺服系统在不同的负载情况下或切削条件发生变化时,应使进给速度保持恒定。刚性良好的系统,速度受负载力矩变化的影响很小。通常,要求承受额定力矩变化时,静态速降应小于5%,动态速降应小于10%。

4．快速响应并无超调

为了保证轮廓切削形状精度和低的加工表面粗糙度值,对位置伺服系统除了要求有较高的定位精度外,还要求有良好的快速响应特性,即要求跟踪指令信号的响应要快。这就对伺服系统的动态性能提出两方面的要求:

(1) 在伺服系统处于频繁地启动、制动、加速、减速等动态过程中,为了提高生产率和保证加工质量,则要求加、减速度足够大,以缩短过渡过程时间。一般电动机的速度由零到最大,或从最大减少到零,时间应控制在 200ms 以下,甚至少于几十毫秒,且速度变化时不应有超调。

(2) 当负载突变时，过渡过程前沿要陡，恢复时间要短，且无振荡，这样才能得到光滑的加工表面。

5. 高精度

为了满足数控加工精度的要求，关键是保证数控机床的定位精度和进给跟踪精度。这也是伺服系统静态特性与动态特性指标是否优良的具体表现。位置伺服系统的定位精度一般要求能回达到1μm。甚至0.1μm，高的可达到±0.01～±0.005μm。

6. 低速大转矩

机床的加工特点大多是低速时进行切削，即在低速时进给驱动要有大的转矩输出。

7. 伺服系统对伺服电动机的要求

数控机床上使用的伺服电动机，大多是交流伺服电动机。早期数控机床也有用专用的直流伺服电动机，如改进型直流电动机、小惯量直流电动机、永磁式直流伺服电动机、无刷直流电动机等。在经济型数控机床上混合型步进电动机也有采用。

由于数控机床对伺服系统提出了如上的严格技术要求，伺服系统也对其自身的执行机构——电动机提出了严格的要求：

(1) 具有较硬的机械特性和良好的调节特性。机械特性是指在一定的电枢电压条件下，转速和转矩的关系。调节特性是指在一定的转矩条件下转速和电枢电压的关系。理想情况下，两种特性曲线是一直线。

(2) 具有宽广而平滑的调速范围。伺服系统要完成多种不同的复杂动作，需要伺服电动机在控制指令的作用下，转速能够在较大的范围内调节。性能优异的伺服电动机其转速变化可达到1:100000。

(3) 具有快速响应特性。所谓快速响应特性是指伺服电动机从获得控制指令到按照指令要求完成动作的时间要短。响应时间越短，说明伺服系统的灵敏性越高。

(4) 具有小的空载始动电压。伺服电动机空载时，控制电压从零开始逐渐增加，直到电动机开始连续运转时的电压，称为伺服电动机的空载始动电压。当外加电压低于空载始动电压时，电动机不能转动，这是由于此时电动机所产生的电磁转矩还达不到电动机空转时所需要的空载转矩。可见，空载始动电压越小，电动机启动越快，工作越灵敏。

(5) 电动机应具有大的较长时间的过载能力，以满足低速大转矩的要求。一般直流伺服电动机要求在数分钟内过载4～6倍而不损坏。

(6) 电动机应能承受频繁启动、制动和反转。

10.1.2　伺服系统的分类

1. 按调节理论分类

1) 开环伺服系统

开环伺服系统即没有位置反馈的系统，如图 10.2 所示。数控系统发出的指令脉冲信号经驱动电路控制和功率放大后，使步进电动机转动，通过变速齿轮和滚珠丝杠螺母副驱动执行件(工作台或刀架)移动。数控系统发出一个指令脉冲，机床执行件所移动的距离称为脉冲当量。开环伺服系统的位移精度主要取决于步进电动机的角位移精度和齿轮、丝杠等传动件的螺距精度以及系统的摩擦阻尼特性。开环伺服系统的位移精度一般较低，其定位精度一般可达 ±0.02mm，当采用螺距误差补偿和传动间隙补偿后，定位精度可提高到 ±0.01mm。由于步进电动机性能的限制，开环伺服系统的进给速度也受到限制，当脉冲当量为 0.01 时，一般可达 5m/min。

图 10.2　开环伺服系统示意

开环伺服系统一般包括脉冲频率变换、脉冲分配、功率放大、步进电动机、变速齿轮、滚珠丝杠螺母副、导轨副等组成环节。结构较简单，调试、维修都很方便，工作可靠，成本低廉。但精度较低，低速时不够平稳，高速时扭矩小，且容易丢步，故一般多用在精度要求不高的经济型数控机床或技术改造上。

2) 闭环系统

在数控机床上，由于反馈信号所取的位置不同，而分为全闭环系统和半闭环系统。全闭环系统的反馈信号取自机床工作台(或刀架)的实际位置(见图 10.3)，所以系统传动链的误差、环内各元件的误差以及运动中造成的误差都可以得到补偿，从而大大提高了跟随精度和定位精度。目前，全闭环系统的定位精度可达 ±(0.001～0.005)mm，最先进的全闭环系统定位精度可达 ±0.1μm。全闭环系统除电气方面的误差外，还有很多机械传动误差，如丝杠螺母副、导轨副等都包括在反馈回路内，它们的刚性、传动间隙、摩擦阻尼特性都是变化的，有些还是非线性的；所以全闭环系统的设计和调整都有较大的技术难度，价格也较昂贵，因此只在大型、精密数控机床上采用。

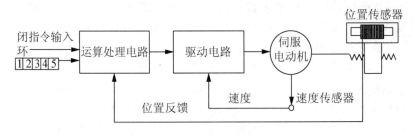

图 10.3　全闭环伺服系统示意

3) 半闭环伺服系统

半闭环伺服系统同样也是一种闭环伺服系统。只不过在数控机床这种具体应用场合下，它的反馈信号取自系统的中间部位(如驱动伺服电动机的轴上)，如图 10.4 所示。这样，系统由电动机输出轴至最末端件(工作台或刀架)之间的误差(如联轴器误差、丝杠的弹性变形、丝杠的支承间隙及螺距误差，导轨副的摩擦阻尼)没有得到系统的补偿，所以其精度比全闭环系统要低一些，但由于这种系统舍弃了传动系统的刚性和非线性的摩擦阻尼等，故系统调试较容易，稳定性也较好。采用高分辨率的测量元件，可以获得比较满意的精度和速度，特别是制造伺服电动机时，都将测速发电机、旋转变压器(或者脉冲编码器)直接装在伺服电动机轴的尾部，使机床制造时的安装调试更方便，结构也比较简单，故这种系统被广泛应用于中小型数控机床上。

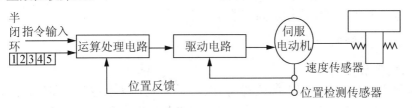

图 10.4　半闭环伺服系统示意

2. 按使用的执行元件分类

1) 电液伺服系统

电液伺服系统的执行元件通常为电液脉冲马达和电液伺服马达，其前一级为电气元件，驱动元件为液动机和液压缸。数控机床发展的初期，多数采用电液伺服系统。电液伺服系统具有在低速下可以得到很高的输出力矩以及刚性好、时间常数小、反应快和速度平稳等优点，但是液压系统需要油箱、油管等供油系统，体积大，此外还有噪声、漏油等问题，因此从 20 世纪 70 年代起就被电气伺服系统代替，只是具有特殊要求时，才采用电液伺服系统。

2) 电气伺服系统

电气伺服系统的执行元件为伺服电动机(步进电动机、直流电动机和交流电动机)，驱动单元为电力电子器件，操作维护方便，可靠性高。现代数控机床均采用电气伺服系统。电气伺服系统分为步进伺服系统、直流伺服系统和交流伺服系统。

(1) 直流伺服系统。直流伺服系统从 20 世纪 70 年代到 80 年代中期，在数控机床上占据主导地位。其进给运动系统采用大惯量、宽调速永磁直流伺服电动机和中小惯量直流伺服电动机；主运动系统采用他激直流伺服电动机。大惯量直流伺服电动机具有良好的调速性能，输出转矩大，过载能力强。由于电动机自身惯量较大，容易与机床传动部件进行惯量匹配，所构成的闭环系统易于调整。中小惯量直流伺服电动机用减少电枢转动惯量的方法获得快速性。中小惯量电动机一般都设计成具有高的额定转速和低的惯量，所以在应用时，要经过中间机械减速传动来达到增大转矩和与负载进行惯量匹配的目的。直流电动机配有晶闸管全控桥(或半控桥)或大功率晶体管脉宽调制的驱动装置。该系统的缺点是电动机有电刷，限制了转速的提高，而且结构复杂，价格较贵，目前已经被交流伺服系统取代。

(2) 交流伺服系统。交流伺服系统使用交流感应异步伺服电动机(一般用于主轴伺服系统)和永磁同步伺服电动机(一般用于进给伺服系统)。直流伺服电动机使用机械(电刷、换向器)换向，存在一些固有的缺点，使其应用受到限制。20 世纪 80 年代以后，由于交流伺服电动机的材料、结构、控制理论和方法均有突破性的进展，电力电子器件的发展又为控制与方法的实现创造了条件，使得交流驱动装置发展很快，目前已取代了直流伺服系统。该系统的最大优点是电动机结构简单、不需要维护、适合于在恶劣环境下工作。此外，交流伺服电动机还具有动态响应好、转速高和容量大等优点。

(3) 步进伺服系统。步进伺服是一种用脉冲信号进行控制，并将脉冲信号转换成相应的角位移的控制系统。其角位移与电脉冲数成正比，转速与脉冲频率成正比。因此，通过改变脉冲频率可调节电动机的转速。

此外，在交流伺服驱动中除了采用传统的旋转电动机驱动，还出现了一种崭新的交流直线电动机驱动方式，目前应用于高档数控机床。

3. 按被控对象分类

1) 进给伺服系统

进给伺服系统是指一般概念的位置伺服系统，它包括速度控制环和位置控制环。进给伺服系统控制机床各进给坐标轴的进给运动，具有精确定位和轮廓跟踪功能。

2) 主轴伺服系统

一般的主轴伺服系统只是一个速度控制系统，控制主轴的旋转运动，提供切削过程中的转矩和功率，完成在转速范围内的无级变速和转速调节控制。但要求高速度(目前最高每分钟百万转以上)、大功率，能在较大调速范围内实现恒功率控制。当主轴伺服系统要求有位置控制功能时(如数控车床类机床)，称为 C 轴控制功能。

此外，刀库的位置控制是为了在刀库的不同位置选择刀具，与进给坐标轴的位置控制相比，性能要低得多，故称为简易位置伺服系统。

4. 按反馈比较控制方式分类

1) 脉冲、数字比较伺服系统

脉冲、数字比较伺服系统是闭环伺服系统中的一种控制方式。它是将数控装置发出的数字(或脉冲)指令信号与检测装置测得的以数字(或脉冲)形式表示的反馈信号直接进行比较，以产生位置误差，达到闭环控制。

脉冲、数字比较伺服系统结构简单，容易实现，整机工作稳定，应用十分普遍。

2) 相位比较伺服系统

在相位比较伺服系统中，位置检测装置采用相位工作方式，指令信号与反馈信号都变成了某个载波的相位，通过两者相位的比较，获得实际位置与指令位置的偏差，实现闭环控制。

相位比较伺服系统适用于感应式检测元件(如旋转变压器，感应同步器)的工作状态，可以得到满意的精度。

3) 幅值比较伺服系统

幅值比较伺服系统以位置检测信号的幅值大小来反映机械位移的数值，并以此信号作为位置反馈信号，一般还要进行幅值信号和数字信号的转换，进而获得位置偏差，构成闭环控制系统。

在以上 3 种伺服系统中，相位比较和幅值比较系统从结构上和安装维护上都比脉冲、数字比较系统复杂和要求高，所以一般情况下，脉冲、数字比较伺服系统应用广泛。

4) 全数字伺服系统

随着微电子技术、计算机技术和伺服控制技术的发展，数控机床的伺服系统已采用高速、高精度的全数字伺服系统，即由位置、速度和电流构成的三环反馈控制全部数字化，使伺服控制技术从模拟方式、混合方式走向全数字化方式。该类伺服系统具有使用灵活、柔性好的特点。数字伺服系统采用了许多新的控制技术和改进伺服性能的措施，使控制精度和品质大大提高。

10.2　交流伺服电动机及其工作特性

　　长期以来，在调速性能要求较高的场合，直流电动机调速一直占据主导地位。但是由于它的电刷和换向器易磨损，有时会产生火花，以及其最高速度受到限制，且结构复杂，成本较高，所以在使用上受到一定的限制。而近年来飞速发展的交流电动机不仅克服了直流电动机结构上存在整流子、电刷维护困难、造价高、寿命短、应用环境受限等缺点，同时又充分发挥了交流电动机坚固耐用、经济可靠、动态响应好、输出功率大等优点。因此，在数控机床上，交流伺服电动机已逐渐取代了直流伺服电动机。

10.2.1　交流伺服电动机的分类

　　交流伺服电动机分为交流永磁式伺服电动机和交流感应式伺服电动机。永磁式交流伺服电动机相当于交流同步电动机，常用于进给伺服系统；交流感应式伺服电动机相当于交流感应异步电动机，常用于主轴伺服系统。两种伺服电动机的工作原理都是由定子绕组产生旋转磁场，使转子跟随定子旋转磁场一起运行。不同点是交流永磁式伺服电动机的转速与外加交流电源的频率存在着严格的同步关系，即电动机的转速等于同步转速；而感应式伺服电动机由于需要转速差才能产生电磁转矩，所以电动机的转速低于同步转速，转速差随外负载的增大而增大。同步转速的大小等于交流电源的频率除以电动机极对数，因而交流伺服电动机可以通过改变供电电源频率的方法来调节转速。

10.2.2　永磁式交流同步电动机

　　永磁式交流同步电动机由定子、转子和检测元件 3 部分组成，其结构原理如图 10.5 所示：定子具有齿槽，槽内嵌有三相绕组，其形状与普通感应电动机的定子结构相同。但为了改善伺服电动机的散热性能，齿槽有的呈多边形，且无外壳；转子由多块永久磁铁和冲片组成。这种结构的转子特点是气隙磁密度较高，极数较多。转子结构还有一类是具有极靴的星形转子，采用矩形磁铁或整体星形磁铁。

　　永磁式交流同步伺服电动机的工作原理与电磁式同步电动机的工作原理相同，即定子三相绕组产生的空间旋转磁场和转子磁场相互作用，使定子带动转子一起旋转。所不同的是转子磁极不是由转子中励磁绕组产生的，而是由永久磁铁产生，其工作过程是：当定子三相绕组通以交流电后，产生一旋转磁场，这个旋转磁场以同步转速 n_s 旋转，如图 10.6 所示。根据磁极的同性相斥、异性相吸的原理，定子旋转磁场与转子永久磁场磁极相互吸引，并带动转子一起旋转。因此转子也将以同步转速 n_s 旋转。当转子轴加上外负载转矩时，转子磁极的轴线将与定子磁极的轴线相差一个 θ 角，负载越大，θ 也随之增大，只要外负载不超过一定限度，转子就会与定子旋转磁场一起旋转。若设其转速为 n_r，则

$$n_r = n_s = 60f/p \tag{10-1}$$

式中，f 为电源频率，Hz；

　　　p 为极对数。

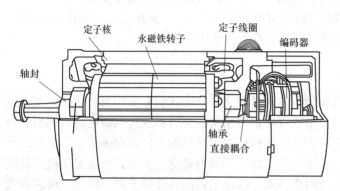

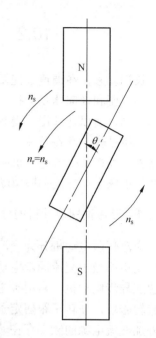

图 10.5　永磁式交流同步电动机结构　　　　图 10.6　永磁式同步电动机原理

永磁式同步电动机的特点是电动机定子铁心上装有三相电枢绕组，接在可控的电源上，用以产生旋转磁场；转子由永磁材料制成，用于产生恒定磁场，无需励磁绕组和励磁电流。当定子接通电源后，电动机异步启动，当转子转速接近同步转速时，在转子磁极产生的同步转矩作用下，进入同步运行。永磁式同步电动机的转速采用改变电源频率的办法来进行控制。

永磁式交流同步伺服电动机的机械特性一般比直流伺服电动机硬，尤其在高速区加减速能力较强。

10.2.3　交流感应式伺服电动机

交流感应式伺服电动机常用于主轴伺服系统。交流主轴伺服电动机要提供很大的功率，如果用永久磁体，当容量做得很大时，电动机的成本太高。主轴驱动系统的电动机还要具有低速恒转矩、高速恒功率的工况。因此，采用专门设计的笼型交流异步伺服电动机。

交流感应式伺服电动机的结构是定子上装有对称三相绕组，而在圆柱体的转子铁心上嵌有均匀分布的导条，导条两端分别用金属环把它们连在一起，称为笼式转子。为了增加输出功率，缩小电动机的体积，采用了定子铁心在空气中直接冷却的办法，没有机壳，而且在定子铁心上做出轴向孔以利通风。为此，在电动机外形上是呈多边形而不是圆形。电动机轴的尾部同轴安装有检测元件。

交流主轴电动机与普通感应电动机的工作原理相同，由电工学原理可知，在电动机定子的三相绕组通以三相交流电时，就会产生旋转磁场，这个磁场切割转子中的导体，导体感应电流与定子磁场相作用产生电磁转矩，从而推动转子转动，其转速为

$$n = n_{\mathrm{r}}(1-s) = 60f(1-s)/p \tag{10-2}$$

式中，s——转差率。

为了满足数控机床切削加工的特殊要求，出现了一些新型主轴电动机，如液体冷却主轴电动机和内装主轴电动机等。通过改善润滑和散热条件、简化机床主轴箱结构，减少噪声和振动，使电动机转速得以大幅度提高。通常把这样的主轴伺服电动机称为电主轴，它的最高转速可以达到 30 000～1 200 000r/min，大大提高了生产效率。

10.3　步进电动机及其工作特性

10.3.1　步进电动机工作原理

步进电动机是一种将电脉冲信号转换成相应的角位移或线位移的控制电动机。通俗地讲，就是外加一个脉冲信号于这种电动机时，它就运动一步。正因为它的运动形式是步进式的，故称为步进电动机。步进电动机的输入是脉冲信号，从主绕组内的电流来看，既不是通常的正弦电流，也不是恒定的直流，而是脉冲的电流，所以步进电动机有时也称为脉冲马达。

步进电动机根据作用原理和结构，可分为永磁式步进电动机、反应式步进电动机和永磁感应式步进电动机，其中应用最多的是反应式步进电动机。图 10.7 为三相反应式步进电动机结构，定子为三对磁极，磁极对数称为"相"，相对的极属一相，步进电动机可做成三相、四相、五相或六相等。磁极个数是定子相数 m 的 2 倍，每个磁极上套有该相的控制绕组，在磁极的极靴上制有小齿，转子由软磁材料制成齿状。

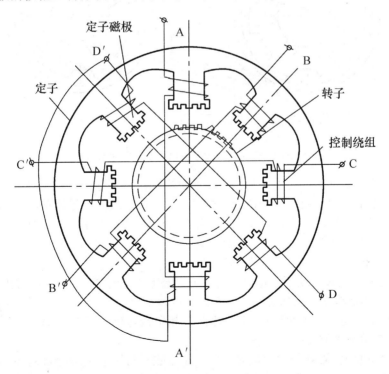

图 10.7　步进电动机原示意

根据工作要求，定、转子齿距要相同，并满足以下两点：

(1) 在同相的磁极下，定、转子齿应同时对齐或同时错开，以保证产生最大转矩。

(2) 在不同相的磁极下，定、转子齿的相对位置应依次错开 $1/m$ 齿距。当连续改变通电状态时，可以获得连续不断的步进运动。

典型的三相反应式步进电动机的每相磁极在空间上互差 120°，相邻磁极则相差 60°，当转子有 40 个齿时，转子的齿距为 9°。

步进电动机的工作过程可用图 10.8 来说明。为分析问题方便，考虑定子中的每个磁极都只有一个齿，而转子有 4 个齿的情况，用直流电源分别对 A、B、C 三相绕组轮流通电。

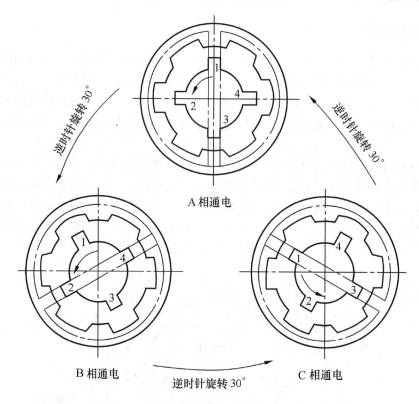

图 10.8　三相反应式步进电机工作原理示意

开始时，开关接通 A 相绕组，则定、转子间的气隙磁场与 A 相绕组轴线重合，转子受磁场作用便产生了转矩。由于定、转子的相对位置力图取最大磁导位置，在此位置上，转子有自锁能力，所以当转子旋转到 1，3 号齿连线与 A 相绕组轴线一致时，转子上只受径向力而不受切向力，转矩为零，转子停转。即 A 相磁极和转子 1，3 号齿对齐。同时，转子的 2，4 号齿和 B、C 相磁极成错齿状态。

当 A 相绕组断电 B 相绕组通电时，将使 B 相磁极与转子的 2，4 号齿对齐。转子的 1，3 号齿和 A，C 相磁极成错齿状态。

当 B 相绕组断电，C 相绕组通电时，使得 C 相磁极与转子 1，3 号齿对齐，而转子的 2，4 号齿与 A，B 相磁极形成错齿状态。

当 C 相绕组断电，A 相绕组通电时，使得 A 相磁极与转子 2，4 号齿对齐，而转子的 1，3 号齿与 B，C 相磁极产生错齿。显然，当对 ABC：绕组按 A—B—C—A 顺序轮流通电时，磁场沿 A—B—C 方向转动了 360°，而转子沿 A—B—C 方向转动了一个齿距位置。对

图 10.8 而言，转子的齿数为 4，故齿距为 90°，则转子转动了 90°。

对每一相绕组通电的操作称为一拍，则 A、B、C 三相绕组轮流通电需要三拍，从上面分析可知，电动机转子转动一个齿距需要三拍操作。实际上，电动机每一拍都转一个角度，也称前进了一步，这个转过的角度称为步距角 θ_b，有

$$\theta_b = \frac{360°}{NZ_R} \tag{10-3}$$

式中，N 为通电拍数；

Z_R 为转子齿数。

步进电动机的工作方式是以转动一个齿距所用的拍数来表示的。拍数实际上就是转动一个齿距所需的电源电压换相次数，上述电动机采用的是三相单三拍方式，"单"指每拍只有一相绕组通电。除了单三拍外，还可以有双三拍，即每拍两相绕组通电，通电顺序为 AB—BC—CA—AB，步距角与单三拍相同。但是，双三拍时，转子在每一步的平衡点受到两个相反方面的转矩而平衡，振荡弱，稳定性好。此外，还有三相单、双六拍(A—AB—B—BC—C—CA—A)等通电方式。

在数控机床领域中，步进电动机主要应用于经济型数控机床和机床改造中，如经济型数控车床常采用五相混合式步进电动机。

10.3.2　步进电动机的运行特性及性能指标

1. 步距角

步距角即一拍作用下转子转过的角位移，体现步进电动机的分辨精度，也称分辨力。最常用的有 0.36°/0.72°，0.6°/1.2°，0.75°/1.5° 等。

2. 矩角特性、最大静态转矩 $M_{j\,max}$ 和启动转矩 M_q

静态是指步进电动机某相定子绕组通过直流电，转子处于不动时的定位状态。这时，该相对应的定子齿、转子齿对齐，转子上没有转矩输出。如果在步进电动机轴上加一个负载转矩，则步进电动机转子就要转过一个小角度 θ 后重新稳定。则此时转子所受的电磁转矩 M_j 和负载转矩相等，称 M_j 为静态转矩，而转过的角度 θ 称为失调角。当外加转矩撤掉后，转子在电磁转矩作用下，仍能回到原来不动时的定位状态，即稳定平衡点($\theta=0°$)。显然，负载转矩可能是逆时针的，也可能是顺时针的，即 T_L 有正有负，相应的 θ 角也有正有负。描述步进电动机静态时电磁转矩 M_j 与失调角 θ 之间关系的特性曲线称为矩角特性，如图 10.9 所示。

由于当转子齿中心线对准定子槽中心线时($\theta=\pm\pi$)，定子上相邻两齿对转子上的该齿具有大小相同、方向相反的拉力，故该位置亦可视为步进电动机的一个稳定位置，此时的电磁转矩等于零。不难想象，θ 由 0° 变化到 $+\pi$ 或 $-\pi$ 时均有最大值出现。

步进电动机各相的矩角特性曲线差异不能过大，否则会引起精度下降和低频振荡。可通过调整相电流的方法，使步进电动机各相矩角特性大致相同。

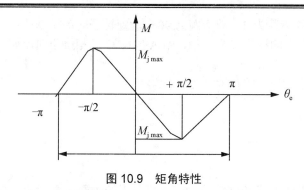

图 10.9　矩角特性

步进电动机矩角特性曲线上电磁转矩的最大值称为静态转矩，它表示步进电动机承受变负载的能力。$M_{j\,max}$ 愈大，自锁力矩愈大，静态误差愈小。换言之，最大静转矩 $M_{j\,max}$ 愈大，步进电动机带负载的能力愈强，运行的快速性和稳定性愈好。静态转矩和控制电流的平方成正比，但当电流上升到磁路饱和时，$M_{j\,max} = f(I)$ 曲线上升平缓。一般说明书上的最大静态扭矩是指在额定电流及规定通电方式下的 $M_{j\,max}$。

三相步进电动机各相的矩角特性曲线的相位差为 1/3 周期，其中曲线 A 和曲线 B 的交点所对应的力矩 M_q 是电动机运行状态的最大启动转矩。也就是说，只有负载转矩 M_f 小于 M_q，电动机才能正常启动运行；否则，容易造成丢步，电动机也不能正常启动。

一般地，随着电动机相数的增加，由于矩角特性曲线加密，相邻两相矩角特性曲线的交点上移，会使 M_q 增加，改变通电方式有时也会收到类似的效果。如果将 m 相 m 拍通电方式改为 m 相 $2m$ 拍通电方式，同样会使步矩角减小，达到提高 M_q 的目的。如图 10.10 所示，增加曲线 AB(AB 同时通电)提高 M_q。

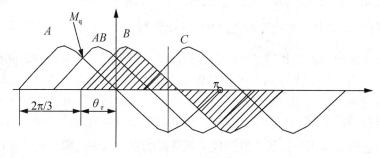

图 10.10　启动转矩

3. 启动频率 f_q 和启动时的惯频特性

空载时，步进电动机由静止突然启动并进入不丢步的正常运行所允许的最高频率，称为启动频率或突跳频率，用 f_q 表示。f_q 是反映步进电动机快速性能的重要指标。若启动时频率大于突跳频率，步进电动机就不能正常启动。因此，空载启动时，步进电动机定子绕组通电状态变化的频率不能高于该突跳频率。

4. 连续运行的最高工作频率 f_{max} 和矩频特性

步进电动机连续运行时所能接受的，即不丢步运行的极限频率称为最高工作频率，记为 f_{max}。它是决定定子绕组通电状态最高变化频率的参数，即决定了步进电动机的最高转速。

10.4　直线电动机简介

直线电动机是指可以直接产生直线运动的电动机，其雏形在世界上出现旋转电动机不久之后就出现了，但由于受制造技术水平相应用能力的限制，一直未能在制造业领域作为驱动电动机而使用。在常规的机床进给系统中，仍一直采用"旋转电动机加滚珠丝杠"的传动体系。随着近几年来超高速加工技术的发展，滚珠丝杠机构已不能满足高速度和高加速度的要求，直线电动机才有了用武之地。特别是大功率电子器件、新型交流变频调速技术、微型计算机数控技术和现代控制理论的发展，为直线电动机在高速数控机床中的应用提供了条件。

美国英格索尔(Ingersol)铣床公司是第一个把直线电动机应用到机床是的机床厂，第二家是德国 EX-Cell 公司，该公司在 1993 年 9 月德国汉诺威国际机床博览会上首次展出了 XHC-240 型高速加工中心，其 3 个坐标都采用了德国 Indramat 公司生产的交流感应式直线电动机。直线电动机在机床进给系统中的应用已被世界同行专家评价为当今国际机床工业的一个技术新高峰，是对机床设计理论和制造技术的一个重大突破，并称该类机床为"下一代新机床"。

使用直线电动机的驱动系统，有以下特点：

(1) 使用直线伺服电动机，电磁力直接作用于运动体(工作台)上，而不用机械连接，因此没有机械滞后或齿节周期误差，精度完全取决于反馈系统的检测精度。

(2) 直线电动机上装配全数字伺服系统，可以达到极好的伺服性能。由于电动机和工作台之间无机械连接件，工作台对位置指令几乎是立即反应(电气时间常数约为 1ms)，从而使得跟随误差减至最小而达到较高的精度。并且，在任何速度下都能实现非常平稳的进给运动。

(3) 直线电动机系统在动力传动中由于没有低效率的中介传动部件，因此能达到高效率，可获得很好的动态刚度(动态刚度即为在脉冲负荷作用下，伺服系统保持其位置的能力)。

(4) 直线电动机驱动系统由于无机械零件相互接触，因此无机械磨损，不需要定期维护，也不像滚珠丝杠那样有行程限制，使用多段拼接技术可以满足超长行程机床的要求。

(5) 直线电动机和机床工作台合二为一，直接采用全闭环控制。

随着直线电动机在机床中的应用，其性能价格比大大提高。同时，它也促进超高速切削、超精密加工技术得到进一步的发展。

思考与练习

1．闭环伺服系统的位置传感器应该选用哪种类型？

2．三相六拍步进电动机反转通电方式应该是什么样的？

3．通过交流感应式伺服电动机的转速公式查阅资料写出其调速方法与应用。

参 考 文 献

[1] 吴祖育. 数控机床[M]. 上海：科学技术出版社，1995.

[2] 廖效国. 数字控制机床[M]. 武汉：华中科技大学出版社，1992.

[3] 顾京. 数控机床加工程序编制[M]. 北京：机械工业出版社，2006.

[4] 逯晓勤. 数控机床编程技术[M]. 北京：机械工业出版社，2006.

[5] 刘雄伟. 数控加工理论与编程技术[M]. 北京：机械工业出版社. 2003.

[6] 王志平. 机床数控技术应用[M]. 北京：高等教育出版社，1998.

[7] 郭培全. 数控机床编程与应用[M]. 北京：机械工业出版社，2001.

[8] 孙竹. 加工中心编程与操作[M]. 北京：机械工业出版社，1987.

[9] 董献坤. 数控机床结构与编程[M]. 北京：机械工业出版社，1997.

[10] 林洁. 数控加工程序编制[M]. 北京：航空工业出版社，1993.

[11] 于华. 数控机床的编程及实例[M]. 北京：机械工业出版社，2000.

[12] 孙竹. 数控机床编程与操作[M]. 北京：机械工业出版社，2000.

[13] 于国中，逯晓勤. 注塑模具 CAD/CAE/CAM 技术[M]. 北京：北京理工大学出版社，1998.

[14] 范俊广. 数控机床及其应用[M]. 北京：机械工业出版社，1995.

[15] 张学仁. 数控电火花线切割加工技术[M]. 哈尔滨：哈尔滨工业大学出版社，2000.

[16] 王贵明. 数控实用技术[M]. 北京：机械工业出版社，2001.

[17] 葛巧琴. 机械 CAD/CAM[M]. 广州：东南大学出版社，2000.

[18] 严列. Mastercam8 模具设计超级宝典[M]. 北京：冶金工业出版社，2000.

[19] 申长雨. 塑料模具计算机辅助工程[M]. 郑州：河南科学技术出版社，1998.

[20] 申长雨. 橡塑模具优化设计技术[M]. 北京：化学工业出版社，1997.

[21] 逯晓勤. 空分叶片造型及其热压模的数控加工[J]. 计算机辅助设计与制造，1996(2).

[22] 李海梅，聂小霞. AUTOCAD 在注塑模结构中的应用[J]. 机电工程，1998，15(4).

[23] 王国中，逯晓勤. 注塑模辅助设计电极的研究[J]. 机械设计，1997，(2).

[24] 刘保臣. 基于特征的模具零件的自动生成[J]. 郑州工业大学学报，1999，20(9).

[25] 翟震. 基于参数的 CAPP 轴类零件信息描述[J]. 郑州工业大学学报，2001，22(2).